U0130747

Patsy煮意

Your Party Your Way

教你策劃自家完美派對

張迺華 著

目錄

前言

給我摯愛的父親和母親，是你們的愛、鼓勵、指導，讓我對人生充滿熱誠。父親喜愛在家中宴客，母親燒得一手美食，是你們的這股慷慨和熱情薰陶，令我熱衷於烹調、參加和舉辦不同的派對，過程中認識更多朋友，共同交流分享，嘗美食，確實不亦樂乎。

過去三十多年來，我統籌過大小和性質不同的派對，包括女兒及家人的生日會、朋友的慶祝會、保良局周年晚會、香港芭蕾舞團籌款晚會，以及大大小小的企業宴會、生日派對、告別單身派對、畢業聚會，以及我自己的婚禮等等。

參加「派對」和策劃「派對」是兩回事，有着兩種不同的心情，當我收到出席派對的邀請卡時，會抱着興奮、期待的心情；但當我要策劃派對時，卻會緊張兮兮，患得患失。

舉辦派對表面看似簡單，實際要考慮的環節眾多，例如必須考慮主題、受邀對象的特色、場地、座位表、裝飾佈置、餐飲、助慶活動、回禮等，全部都須花上很多時間及心思來設計。

透過這本書，我希望與你分享這些年來的經驗和心得，減少你的緊張和焦慮，讓你可以自己親自策劃屬於自己的派對。

當你看這本書時，無論是懷着消閒還是學習的心態，我衷心希望你能從中得到啟示，能夠完美策劃一個具創意又與別不同的派對。最重要的是享受過程中自己作出的決定和選擇，對自己能克服挑戰、邁向完美而感到自豪。

在這本書中，我會協助你集中安排中小型派對，至於大型如百人以上的派對，例如婚宴，在安排上較為獨特，婚宴上的每一個細節都要親自統籌及挑選，需要付出許多心力，也需要技術及時間的配合，所以一般人都會聘請專業統籌者（Party Coordinator）。但我的婚禮是我全情投入一手策劃的，有我自己的風格，隨心而行，不被當時的潮流影響。這或許是我下一本書的主題吧！

我是張迺華 Patsy Chang，是妻子、媽媽、女兒、營養師、創意廚師、香薰治療師，以及派對統籌師！讓我與你共同策劃及製作一個個獨一無二、難忘的派對吧！

序一

Aunty Priscilla 小孃孃

雷張慎佳 B.B.S.

Patsy 是我的姪女，我大哥、大嫂心愛的大女兒，誰都叫她華華姐姐。因為她從小就聰慧、勤奮，不但品學兼優，而且手巧、獨立，有大家姐風範。由於 Patsy 有煮得一手好菜的太婆、母親、姑姐，而 Patsy 年紀小小就會留意她們烹飪的過程，潛移默化，養成對烹調有濃厚的興趣。

Patsy 畢業於美國 Marymount College，獲得營養及人類生態學學位，期間是英國 King's College 的交換生，在求學期間選擇了在醫院實習，幫助病童。使兒童從小注重飲食，養成良好生活習慣，在健康和幸福中成長，是她的夢想。

畢業後的兩年，於著名的麗晶酒店工作，學習有系統的酒店策劃和管理工作，對糕餅、飲食業的知識和興趣得以鞏固，吸收了不少寶貴的實踐經驗，可以説理論和實踐兼備！

Patsy 在之後五年全情投入協助父親發展香港華胤馨國際集團的業務。期間父親熱心社會公益，為東華三院及保良局總理。Patsy 深受父親影響，喜歡服務社會，成為保良局三屆的總理。

Patsy Party Planning 的熱誠和能力在這段時間開始發揮。經她參與組織的大型晚會無數，包括保良局周年晚會、香港芭蕾舞周年晚會、女童軍周年晚會、愛滋基金籌款活動、不同的公司派對、私人派對、生日派對、聖誕派對及婚禮！

Patsy的天份和努力在九○年代被廣泛認可，1992 年，香港的年鑑公認 Patsy 為一位卓越、為福利工作不遺餘力的青年企業家。

The Patsy Creative Culinary 是 Patsy 用心設計、以愛經營的學校。有 Patsy 的先生 Alan 劉炎鵬和妹妹 Pilar 迺馨全力支持，使 Patsy 更能全情投入！ Patsy 是要求極高、追求完美的專業人士，她好學不厭，從不自滿，參加的課程和取得的證書無數，包括她從靳千沛老師身上學習，取得美國 NAHA 高級香薰治療師的資格。她的國際視野和對中西餐飲的掌握，都為師傅們讚賞。

Patsy的付出沒有白費。她凡事親力親為，親手造的蛋糕，不論大小、簡單複雜，都是卓越的藝術品。無論取材、顏色、形態，一朵朵的玫瑰花都令你嘆為觀止。她善於用光、用顏色，把握Party主人的特色，無論是五歲男童、八歲女童、母親、家庭不同成員，甚至連寵物小狗的派對，對Patsy都屬易如反掌，能保持每次新穎吸引。

《Patsy煮意》以八個極具吸引力的Party為主題：Unicorn Party、Jungle Party、Valentine's Day Party、Christmas Party、Doggie Birthday Party、Wedding Party、大閘蟹宴、家中做冬。每一個主題都切合時宜，而且由請帖、菜式、蛋糕、甜品、餐桌佈置、場地佈置到派對流程都是Patsy親力親為，悉心設計和挑選，非常重視健康、營養和環保意識！

《Patsy煮意》，這散發愛與創意、色香味俱全的一本書，我相信在市面是獨一無二，完全體現出我們常聽講的一句話：台上一分鐘，台下十年功。她十數年來經過不斷努力鍛煉而擁有的功力，在書中發揮得淋漓盡致，一定會令讀者眼前一亮！

恭喜你Patsy！深信你這本書會幫助讀者維繫親情和友情，帶動社會歡樂和積極的氣氛，使生活多姿多彩！祝賀你未來有更多更精彩的作品，有更多欣賞你作品的同道者！

序二

靳千沛
芳香學苑

「世上若無美妙的廚藝，文學、真知灼見、溫馨聚會及人際融洽亦不復存在。」——名廚馬安東尼・卡漢姆（Marie-Antoine Careme, 1784-1833）

談到 Patsy，她總會給我一種溫馨、細緻和溫暖的感覺。

在一次課堂上我導引着大家回想薄荷的氣味帶給自己的記憶，Patsy 默默的留下淚，她說那是爸爸的氣味，是在爸爸的書房裏聞到的味道……是的，味道伴隨着每個場景故事。

她跟我說，當她在烹調時總是會同時顧及五感帶來的觸動，這總是會創造出美好愉悅且溫馨的聚會。所以每次我們與 Patsy 聚會時，她都會為我們安排所有細節，每個一點點的感動組合起來，成為我們難以忘懷的聚會回憶，活動中無論是食物的烹煮方式、主題場景搭配、擺盤設計、情境聲音的營造等，她總是精心的安排，在活動後，大家總會談論起那晚聚會中難以忘懷的食物、音樂、場景與笑容。

現在她要將創造場景回憶的魔法與我們分享，在她的書中為我們一一呈現，除了食物帶來的健康美味外，還能讓我們留下幸福美好。

當我看了她的書後，我將我的感動與你們分享：

「這不只是一本食譜，還是一本可以調理身心的書；

「是一本提升美好生活的記憶的秘笈；

「無論家庭或是派對上不可或缺的美妙魔法；

「它讓我們體驗到食物與場景的喜悅與嚮往。」

因此，我鄭重推薦 Patsy 的書給您，讓我們一起跟家人和朋友，因為她的魔法為我們生活也帶來更多美味、場景與難以忘懷的回憶。

Chapter 1

完美派對的九大元素

9 Elements for a Perfect Party

「錢」對很多人而言的確很重要，但在統籌派對當中，錢花得多卻不一定換來一個完美、成功的派對。

別以為一個完美的派對只是安排場地、美食、佈置等等？以我多年經驗而言，統籌一個派對必須考慮九大元素，每個元素都會環環相扣，互相影響派對的完美程度。

1 派對主題

開派對總有原因，先要問一問自己，為什麼要舉辦這場派對或宴會，父母壽宴？囝囡生日派對？訂婚派對？告別單身派對？迎嬰派對？每一個派對都有其原因，知道原因及性質所在，自然能對症下藥，作出妥善的安排。

化妝舞會

生日派對

迎嬰派對

2 預算

定好主題後，便需要考慮最重要的元素——錢。決定好預算的金額後，便可以選擇場地、餐飲、娛樂、花材等的事項。預算絕對豐儉由人，可於五星級酒店舉辦派對，再找知名公司作統籌，亦可以簡單地在家宴客，只要肯花心思，低成本製作也可以有個高質素的派對。

3 確定日期

知道派對的性質後，接着要決定日子。

生日派對未能於正日舉行的話，適宜提早還是延遲？以個人經驗而言，我會提前安排，例如生日是星期三，可提前於前一個星期五、六或日舉行，而外國人一般只會選擇星期五及六，避免因為星期日參加派對後，長時間的歸家車程會影響星期一上班的精神。至於較受現今年輕一輩歡迎的告別單身派對、迎嬰派對，我建議選擇星期六下午，可於派對完結後，順道與朋友一同吃豐富晚餐，盡興一番。

至於婚禮日子，中國傳統的習俗會以通勝擇日子，即使婚宴於閒日舉行亦無傷大雅，賓客一般能夠理解及接受。

4 決定場地

哪種場地適合自己呢？若籌劃派對的經驗較少，酒店、私人會所、酒樓都是不錯的選擇，因其宴會部有專業的籌劃團隊替你安排餐飲、佈置及流程等，整個安排會較妥善。我個人覺得在這些場地舉辦宴席或會缺少個人風格，若有個人意見或想法，不妨主動向團隊提出，務求令你的派對盡善盡美。

提提大家，若選擇酒店、私人會所的話，要留意最低消費、免費泊車數量、自攜蛋糕收費、開瓶費、現場演奏收費等等。另外，若你舉辦派對的日子適逢颱風季節，我建議避免戶外場地，以免天有不測之風雲，若派對當天碰巧黑雨或八號風球，或會破壞大計，影響心情。

我最愛在家宴客，佈置、餐飲可以自己控制，靈活性較高。不過要留意，若你新居剛剛完成裝修想開入伙派對，宜於裝修後一個月才宴客，因為新居內留有裝修殘餘的異味、甲醛等，或會引發賓客的鼻敏感或其他敏感病症。另外，還要留意洗手間的清潔程度，並騰出空間予小朋友賓客等。

5 餐飲

餐飲相信是派對中最重要的一環。

在家宴客需要自己設定菜式，個人喜愛以中菜的大碟大盤形式舉行，家庭感覺較重，更有溫馨感。我的下廚宗旨是用新鮮食材，以最簡單的烹調方法下廚，菜式上最好有一半能預早一兩天準備好，就像愈煮愈入味的炆煮、燉煮菜式，於宴席前翻熱即可，又或預早做一些可放進雪櫃冷凍的冷盤、沙律汁、甜品等，到宴席舉行時，安排會較順利。預早準備部分菜式的另一好處，是主人家可以專心招待賓客，否則，一個忙於廚房工作的女主人會讓賓客有怠慢之感。

若未能兼顧的話，亦可考慮邀請廚師到會，或者改到酒店、餐廳舉行。

若是超過十枱宴席，建議選擇酒店、私人會所，餐飲套餐選擇較多，亦可選擇餐廳的拿手菜式。

至於酒水，我建議避免提供過多的酒精飲品，以免客人愈飲愈多，建議十二人一圍的中菜、十人一圍的西菜，每枱提供兩支紅酒，白酒及烈酒則每兩圍一支。

時下年輕人喜愛以雞尾酒派對取代自助餐或餐宴，雞尾酒派對有兩類，一是雞尾酒會，即只設酒水及輕食，派對時間約兩小時；另一種是午餐前或晚餐前雞尾酒會，接着有正式餐宴，一般約一小時。

雞尾酒會後，賓客往往會各自離開，宜預備八款小食，包括五款鹹食、三款甜食。若於日間舉行，建議每人預十至十二件；黃昏的話，建議每人預十二至十五件。

舉辦午餐前或晚餐前雞尾酒會的話，建議預備五款小食，包括四款鹹食、一款甜食，而午餐前及晚餐前，分別建議預每人三至四件及每人四至五件。

自製布工藝

臉部彩繪

自製擴香石

設計小蛋糕

6 娛樂

不要忽略娛樂一環，音樂是最簡單，亦最能提升派對氣氛的方法。嫌播放 CD 太死板，那不如找現場樂隊的表演，可根據你的喜好而即興演奏，感覺更佳、更貼心。我曾經參加過一個雞尾酒派對，主人家找了兩位小提琴家，演奏着爵士音樂，感覺極舒服寫意。你亦可以因應派對的性質而找唱片騎師打碟、鋼琴演奏等。

若想有一個娛樂性豐富的派對，除音樂以外，還可以安排表演或活動，以娛樂賓客，像是小朋友的生日派對，除邀請小丑表演外，亦可大玩臉部彩繪、科學實驗 DIY、手工藝 DIY 如設計小蛋糕、自製擴香石等。近年更流行請來爬蟲專家帶來蜥蜴、蛇、龜等另類小動物，除了讓小賓客對牠們加深認識外，亦可以來個近距離接觸。

至於年度晚宴或公司春茗，表演、比賽往往成為重要環節，最簡單便是歌唱比賽、才藝表演等，甚至是主題派對。我曾經籌劃過一個以中國皇朝做主題的派對，每一個細節都有添上中國元素，如表演者穿着龍袍坐轎、每枱枱號以朝代年號命名、以龍為名的菜單等。

愈是娛樂性強的派對，往往愈能令賓客在派對完結後更回味，更覺完美。

7 花材

千姿百態的鮮花令人心情變佳，即使是簡單的花材也能使派對的氛圍變得不一樣。選擇花材時，先要考慮色彩及風格是否與環境及主題配合，在家宴客可以先設計枱花，再利用剩下的花材做餐盤裝飾、小枱花，甚至點綴洗手間亦可。

在香港基本上四季都不缺花材，部分時令花材更是一年四季均有供應，而你亦可根據自己的喜好，特別從外國訂購心水的時令花材。對我而言，普通宴客時，可視乎當時的花材作選擇，若是較隆重的場合，如結婚派對，便要先了解每個季節的花材供應，這樣便避免了找不到合心水的花材而煩惱。

擺花要有主花外，還需要考慮葉材及填充花材，葉材是不可或缺的襯托材料，至於填充花則以細小的花朵為主，用以填補造型的空間，以及連接花與花之間，令整個花藝更豐富。

主花	春季	牡丹、馬蹄蘭、鮮色玫瑰、繡球、風信子、報春花、鳶尾花、海葵、紫丁香。
	夏季	牡丹、馬蹄蘭、玫瑰、洋紫荊、山茶花、馬蹄蘭、繡球、百合、雛菊、洋桔梗。
	秋季	牡丹、馬蹄蘭、玫瑰、向日葵、洋牡丹、罌粟花、繡球、木百合。
	冬季	牡丹、馬蹄蘭、日本藍星（中國人較忌諱）、絨黑色玫瑰、紅玫瑰、雞冠花、紅燕菜、鳳尾花。
葉材		常春藤、銀葉菊 / 雪葉菊、葉上黃金 / 澤漆、黃鶯 / 幸福草、尤加利葉 / 切葉桉、高山羊齒 / 骨碎補、葉上花 / 高山積雪、情人草 / 跳舞草、水晶草 / 彩星。
填充花		滿天星、小菊、小丁香、小蒼蘭、白孔雀、薰衣草、星芹、蕾絲、藍星球、小足球。

8 佈置

佈置可分為場地及食物兩方面。

要佈置場地，先要了解主題，你可以選擇童話式、金碧輝煌或者浪漫粉調，部分場地如酒店、會所等提供的佈置能迎合你心意的話，便可省卻佈置上的費用。

在佈置上，很多人會忽略了接待處（Reception Table），接待處除了給人第一印象外，在這裏更會展示座位表。這張表看似簡單，實則可看到統籌者的實力，因為客人之間總有一些關係友好，一些不太親暱，清楚客人之間的關係有助維持派對的良好氣氛。

另外，佈置亦有不同的趨勢，就以婚禮為例，禮台一般放在前方，賓客座位以長方形整齊排列着，近年外國流行把禮台設於中間位置，賓客座位排列成圓形的放射式，一對新人成為中央的焦點，感覺更活潑。至於餐桌的排列，流行彎曲的S字形代替整齊的排列方法，務求讓主人家在進場時能與眾賓客打招呼。

近年流行夢幻感覺重、兼帶垂吊的場地佈置，這些裝飾可在門口的進場位置，亦可以在餐桌中間用來作點綴。另外，氣球亦是近年流行的元素，我最愛以氣球做成拱門讓賓客進場，拍照出來的效果更佳。

記住燈光都不能忽略，若場地以深紫、深綠為主調，可在枱上放置各式的光管，增添派對氣氛。近年流行的Sparkular Cold Firework（冷凍煙花），效果與普通煙花相同，但安全性更高。

年輕人特別喜愛在派對中加入增加賓客互動性的照相亭，近年的規模亦愈玩愈大，由鬍鬚、眼鏡等小道具，變成龍牀皇位、汽車，甚至放滿波波的浴缸等，以作自拍之用。

食物佈置亦有其趨勢，近年外地流行把餐桌中央放花材的位置，以Charcuterie Board熟食冷肉盤代替，Charcuterie Board熟食冷肉盤類似Cheese Board芝士盤，除放芝士外，還有凍肉、新鮮水果、乾果、果仁、麵包等小食，讓賓客在開席前邊吃邊喝邊閒聊，帶出悠閒的感覺。第二，食物亦與花材結合，成為桌面擺設，新鮮感十足。第三，冰元素也特別流行，我建議在家宴客時，特別是冷盤，不妨加入蔬果、花等做成冰碗，提升視覺效果，而飲品所用的冰塊中，亦可以加入薄荷葉、香草、水果、花材等，令飲品更添風味。

Flowers in Ice Bowl

Flowers in Ice

Sprinkles in Ice（鯉魚）

Sprinkles in Ice（Donut）

9 文化

每個國家都有自己的文化，就像飲食方面，西方人一日三餐也可以吃沙律或穀物等冷盤，我們東方人則偏向以熱食為主。另外，西方的派對偏向以小餐桌形式，每枱只坐四至六人，氣氛較安靜；東方人往往用上十二人的大餐桌，一大班親友熱熱鬧鬧地寒暄一番。作為一個派對統籌者，必須要先了解各地的文化差異，就藉着今次機會和大家分享這些小知識，讓大家跨越各地的文化障礙，以免在不知不覺間得罪了派對主人或賓客。

中國

中國人對某些數字特別忌諱，就如「四」和「七」，前者與「死」字同音；後者則是因喪事英雄宴會設七道菜，故宴客時會避免選擇這數字的菜式數目，我建議選擇八、九或十二道菜，當中可以選擇燉花膠、鮑魚等較有體面的菜式。除數字外，顏色亦要留意，金色、紅色是最常用的喜慶顏色，而黑白藍三色均被視為喪事顏色，不過近年中國人亦接受白色的婚宴，而英國人愛好的寶藍色則仍是忌諱。

台灣

台灣人是一個比較喜歡吃自助餐的民族，不少宴會也會以「吃到飽」的形式舉行，如素食、麻辣火鍋，甚至以台灣在地農作物為主題的自助餐亦相當普遍。不得不提的是，他們亦習慣早點吃飯，午宴一般於早上十一時三十分開始，晚宴則於晚上六時舉行。若果是壽宴或是婚禮，你會發現一入場時，席上已經預備了小食及甜品招呼一早到場的客人，還有一點要留意，就是台灣人有打包文化，宴席上客人會邊吃邊把自己的分量打包放入外賣盒，作為派對統籌者不可不知。

韓國

韓國傳統用膳是坐在地上，餐桌上放滿菜餚，中間是牛肉鍋、人參雞湯、炒豬肉等主菜，左邊放白飯，右邊擺放清湯，旁邊則是不同的小碟，如韓式辣泡菜、醬蟹、燒魚等。若是在家中宴客，還會加上傳統的菜餚，準備三、五、七或九道菜式，所有菜式會不停添加；若是更隆重的宴會，會有稱之為皇帝式的十二道菜餚。韓國人會用筷子將餸菜夾到自己的碟或飯上，再用湯匙去享用食物。另外，在禮儀上，各人要等長輩先動筷才可以進食。

英國

英國人對任何派對也隆重其事，每次收到邀請帖時，會即時留意衣著規範（Dress Code），為派對的衣著作好準備，有時更會特別訂造禮物及禮帽，以最完美的一面出席。另外，外國人很流行氣氛輕鬆的午餐前雞尾酒會，不過英國人則流行下午茶派對，可說是下午茶的變奏版，主人家會邀請好朋友到家，拿出家中的珍藏陶瓷器皿用來招呼客人，而各款鹹甜美食中，必定會有鬆餅，還有伴以鬆餅的果醬和鮮忌廉。

美國

美國是多元文化集中的地方，匯聚了不同種族的人，當地人也很喜愛舉辦派對，但就不如英國人般講究，毋須特別的衣著規範，最好在家以簡單的家常菜式舉行，但較常見的是以自助餐形式，特別是以燒烤、漢堡包、薄餅等為主題，而最近亦流行起吃越南菜、日本菜及中國菜等。無論形式如何，場內的食物分量及數量也多得驚人，最重要是必定要有啤酒、紅酒、白酒等，讓客人可以輕鬆一番。

Chapter 2

五感衝擊派對

5 Senses of a Party

一個成功的派對，一定要觸動每位客人。作為派對統籌師，怎樣才能令各位賓客在踏入會場的第一刻便留下深刻的印象？以我的個人經驗來看，五感的刺激相當重要，五感是指視覺、聽覺、嗅覺、觸覺及味覺。要牢記五感元素不是單一部分，五者要互相平衡、連繫，若其中一項太突出的話，很容易弄巧反拙，破壞了整個派對的氣氛。

攝影： Can Wong 黃偉國（HKIPP）&
Jeremy Wong 黃浩軍及 atta@dmbproducitons

視覺 Sight

絢麗奪目的視覺最能觸動賓客的內心深處，佈置一般會利用花藝、汽球、布藝、水果等，以不同的色調、形態來吸引賓客的目光，不少派對統籌者會忽略光線這元素，令派對未能做到盡善盡美。光線可分戶外及戶內，戶外的光線當然以陽光為主，而室內則靠燈光去營造一個能觸動心靈、感覺舒服的氛圍。

燈光佈置絕對豐儉由人，籌劃大型派對，自然要聘請燈光師設計各種燈光效果，以迎合派對的主題；小型派對則可以用最簡單、最實惠、最方便的方法——蠟燭，而我亦喜愛用一些能夠變奏出白、黃、藍、紅、紫色調的小型座地燈，配合主題營造不同的效果。

要留意一點，我們身為亞洲人，燈光不宜太強烈，否則會突顯我們的黃調膚色。另外，橙及蜜桃色調亦應避免。

燈光色調帶出不同氣氛

柔白調：純潔、舒服。

暖調：溫暖、溫馨。

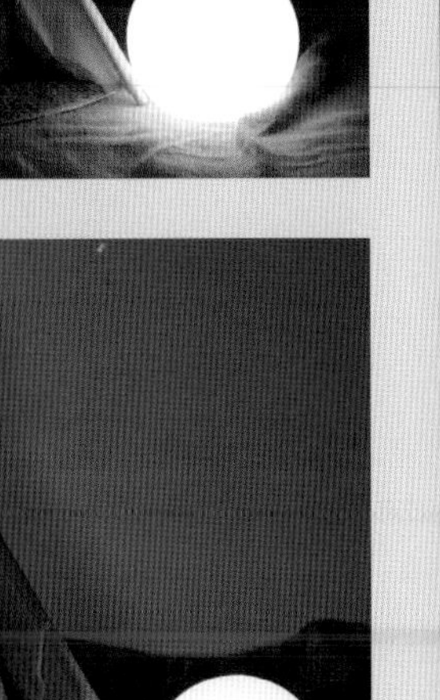

紫調：浪漫。

藍調：海洋、天空，大自然的感覺較重。

選購蠟燭小貼士

蠟燭是我最喜愛用的小道具，幸好我的妹夫從事蠟燭生意超過二十年，他絕對是一位蠟燭達人，就藉此機會分享他選購蠟燭的小貼士。

蠟燭的外表應該怎樣？

1. 表面不應該滲出油脂分泌。
2. 除非你買的是果凍蠟燭，否則蠟燭應該是實心，而不會軟軟的。
3. 玻璃杯裝蠟燭，其容器必須清澈透亮、厚身、堅固兼不帶裂紋。
4. 錫杯裝蠟燭的表面不應有凹痕或鋒利的邊位，最好的錫杯是沒有接縫的。
5. 燈芯長度不應超過三厘米，而較小的蠟燭，其燈芯亦相對地短。
6. 如果是單燈芯蠟燭，燈芯必須位於正中位置。
7. 燈芯應是全棉編織或棉紙編織，避免使用鉛芯或塑料芯。

蠟燭燃點時應是如何？

1. 燃燒均勻，沒有滴蠟，火焰也不應太小，以免被融化的蠟池弄熄火焰，若被弄熄，則代表燈芯尺寸有問題。
2. 蠟燭點亮時不應有黑煙。
3. 除非蠟燭燃燒了超過一半，否則應該保持其形狀。
4. 香薰蠟燭味道應該是淡淡的，不宜太過強烈及太刺激。

柱裝蠟燭、玻璃杯裝蠟燭、祈禱蠟燭、小蠟燭、蜂蜜蠟燭。

D.I.Y.

酒塞變蠟燭

若你愛喝葡萄酒，家中有大量水松木酒塞的話，不妨物盡其用，將之變成蠟燭。記住，燃點蠟燭時，附近必須遠離易燃物體，免生意外。

材料：

木塞 12 個
玻璃器皿 1 個
99% 酒精（Isopropyl Alcohol） 1 支
小圓碟 1 隻

做法：

1. 用紙巾把木塞表面的塵埃及污垢抹去。
2. 將木塞放入玻璃器皿中。
3. 倒入酒精，直至完全蓋過木塞。
4. 可蓋上小圓碟壓着木塞，以免其浮起。
5. 浸泡一星期後，取出再吹乾一星期即成。

D.I.Y.

自製蠟燭裝飾

近年派對桌上喜用新鮮蔬菜來包裹柱型蠟燭，但要注意，蔬菜不能直接接觸蠟燭（右圖是錯誤示範），因為蠟燭燃燒時的融蠟有機會燃燒食物，有火災的風險。而當蠟滴在食物上或蠟燭帶有香薰，食物便不能食用，這不是很浪費嗎？所以謹記要把蠟燭放在容器內才做裝飾，只要動用創意，加入一些小手工，蠟燭便可成為獨一無二的擺設。

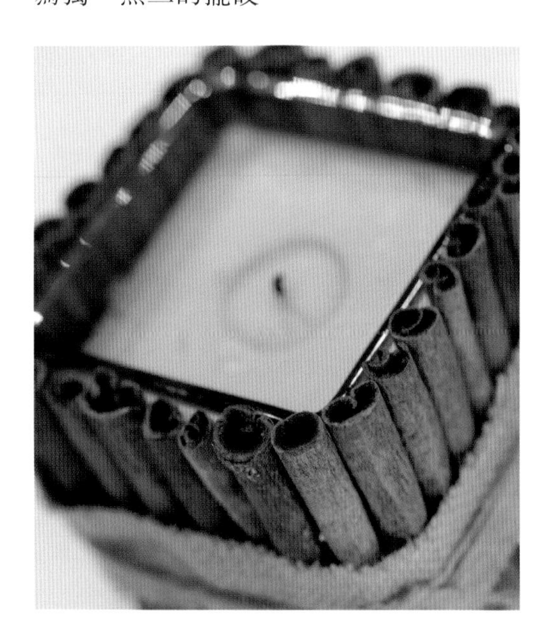

只要你有肉桂條、麻繩及一個蠟燭，就可以做這個帶點秋意的蠟燭裝飾。把肉桂條折成蠟燭容器的高度，然後捲一圈麻布，上面再用麻繩綁一個蝴蝶結就可以了。

風乾的蔬菜也可以拿來裝飾蠟燭，你可以將它們貼在蠟燭容器上，然後繞幾圈麻繩或麻布，就是另一款有特色的裝飾了。

新鮮的蔬菜當然也可用來裝飾，你可以在蠟燭容器上繞一圈新鮮辣椒，然後綁上絲帶蝴蝶結，就完成了這個充滿天然感覺的裝飾。

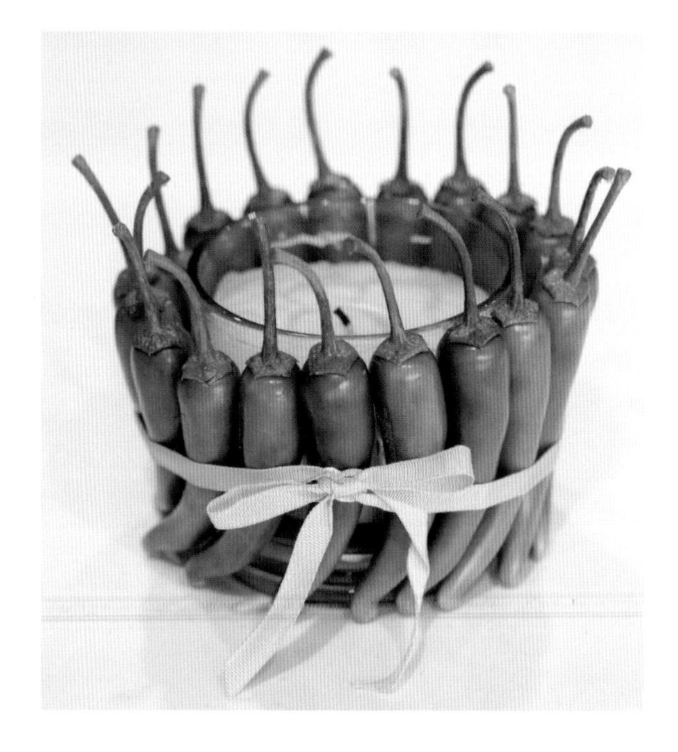

簡單在玻璃瓶子裏面放入茶燭或 LED 蠟燭，然後在玻璃瓶外捲上絲帶或其他裝飾，亦可以為平常的蠟燭帶來一些新鮮感。

想要固定永生花及乾花在底層，首先在玻璃樽底加入適量的花，然後在上面加入已熱熔的透明啫喱蠟（大約 15 毫升），待蠟乾透後才加入清水，最後放上茶燭。點燃蠟燭後，茶燭漂於水上，配合燭光搖曳，便成為一個充滿浪漫氣息與夢幻感覺的裝飾。

擴香機、燃點式香薰爐、香薰瓶、香薰蠟燭。

嗅覺 Smell

在派對中，怎樣才能令賓客有放鬆的感覺？能觸動嗅覺的香氣相信是不二之選。我最愛在派對上添加香薰的元素，讓馥郁的香氣增添氣氛。作為派對統籌者，戶外派對毋須特別考慮香氣的元素，一來空間較大，即使用上香薰亦未必達至預期效果；二來大自然的氣息是最佳的天然香氣，在草地上可以嗅到青草味，在海邊飄來的便是海洋味，甚至是不同季節的氣息。

在室內釋放香氣的方法有很多種，我經常會用花朵及香薰蠟燭，兩者也能營造視覺、嗅覺的效果，不過只適用於較細的環境中。若場地較大，可以使用香薰機、擴香石、香薰瓶，或者是燃點式香薰爐，讓香氣無間斷、源源不絕地釋放出來。

那室內應該使用什麼香氣呢？個人認為味道不應太濃烈，就如我對玫瑰的味道敏感，若派對上充滿濃烈的玫瑰花香，我會出紅疹及頭痛，為免客人如我般對香氣敏感，應盡量用一些容易被人接受的香氣，可以是柑橘類的橙、檸檬、青檸，或是迷迭香、肉桂、羅勒等香草味，有助紓緩及放鬆客人的情緒。

D.I.Y.

擴香石

擴香石是最近很火熱的香薰產品，做法不難，只要把擴香石粉加入顏料及水，配合矽膠模具，即能做出不同的形狀。只要在擴香石加入香薰油，即達擴香效果。若日後味道變淡，自行添加精油即可。

材料：

擴香石粉 100 克
水 30 毫升
顏料少許

工具：

矽膠模具
攪拌棒

做法：

1. 把顏料加入 30 毫升水中拌勻。
2. 將擴香石粉加進混和好的顏料水中。
3. 迅速攪勻成濃稠糊狀。
4. 倒入矽膠模具中，用攪拌棒將之均勻分佈。
5. 取起模具，在桌上輕敲三數下，讓底部的氣泡冒出來，等待 30 分鐘至 1 小時後，脫模即成。

小貼士：

1. 可用任何矽膠模具。
2. 顏料可選用皂用染料（粉末狀、水狀、珠光粉）及水彩顏料。
3. 使用過的容器、工具，切勿在水槽清洗，以免殘留的石膏糊阻塞排水管，不妨待石膏乾燥後剝除，直接扔棄。

讓心情放鬆的精油

在派對上應用一些可使客人心情放鬆、投入派對的精油。以下八款是我的心水選擇。

佛手柑

既能安撫又能提神，因此是焦慮、沮喪、神經緊張時的最佳選擇，而且能振奮精神，有助緩解焦慮，對抗疲勞，紓解壓力。

我的推介：佛手柑 2 滴、葡萄柚 2 滴、綠薄荷 2 滴。

葡萄柚

平衡，提升情緒和心靈，可以緩和壓力、沮喪及焦慮。

我的推介：葡萄柚 2 滴、甜橙 2 滴、乳香 2 滴。

甜橙

令人平靜，振奮情緒，改善憂鬱沮喪的心情，並且讓人看起來容光煥發。

我的推介：甜橙 3 滴、迷迭香 3 滴。

檸檬

感覺悶熱煩躁時，可帶來清新的感受，幫助理清思緒。

我的推介：檸檬 3 滴、香茅 3 滴。

薰衣草

治療失眠與焦慮的最佳選擇，有助培養創造力，促進幸福感及平靜感。

我的推介：薰衣草 2 滴、迷迭香 2 滴、綠薄荷 2 滴。

乳香

紓緩急促的呼吸，使人感覺平穩，心情好轉，並且有安撫作用，能紓緩焦慮及執迷的精神狀態。

我的推介：乳香 2 滴、檀香 2 滴、薰衣草 2 滴。

意大利永久花（臘菊）

提升到潛意識，平靜、安撫、放鬆，可以減輕甚至預防壓力，很適合改善所有和壓力有關的病症。

我的推介：意大利永久花 2 滴、天竺葵 2 滴、佛手柑 2 滴。

綠薄荷

令人振奮，平衡香氣，促進放鬆並緩解壓力。

我的推介：綠薄荷 2 滴、百里香 2 滴、檸檬 2 滴。

觸覺 Touch

觸覺的範圍相當廣泛，握手、拍肩膊、擁抱等身體接觸可以拉近人與人之間的距離，是觸感最基本的一環。不過很多派對統籌者會忽略枱布、餐墊、餐具等，這些讓賓客直接接觸到的物件。我一般會因應派對的性質而選擇枱布、餐墊等，好像戶外派對可多用麻質的餐枱布藝，正式宴會宜用手感滑溜的絲綢質感，兩者的感覺可謂截然不同。此外，作為一個專業的派對統籌師，不要忽略餐巾扣、餐紙巾等小物件，小點綴絕對能看出你的心思。

至於小朋友派對，最好設計特定主題，利用汽球、玩具、毛公仔，甚至餐具刺激其觸感，亦有助他們的腦部發展。

D.I.Y.

自製餐巾扣

餐巾扣是簡單又能點綴餐桌的小道具，今次就教大家利用毛絨球做一個色彩繽紛的餐巾扣，為餐桌添上色彩。

材料及工具：

2cm 毛絨球 約 30 個
15cm 鐵線 2 條
針線 適量
熱熔膠槍及熱熔膠

做法：

1. 先用針線把 15 個毛絨球穿起來。
2. 用熱熔膠槍把毛絨串固定在鐵線之上，再屈成圓形狀即成。

紙玫瑰餐巾

在網上可以購得這種將餐紙巾折成玫瑰花的小工具。紙玫瑰做法非常簡單，只要將四方形的餐紙巾大約對折成三角形，放入中間的夾子，然後輕輕一捲。

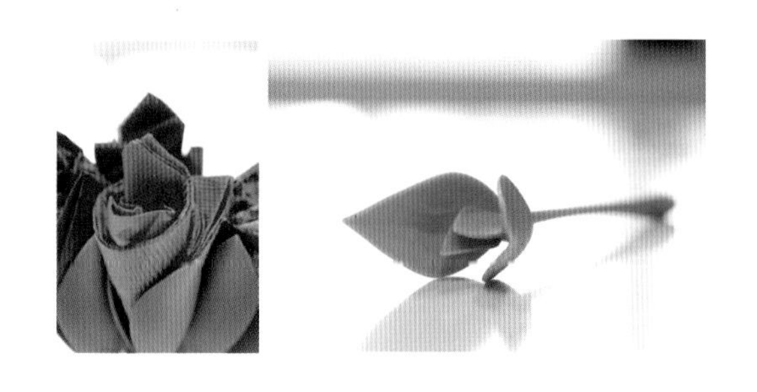

捲好之後就會成為一枝枝紙玫瑰，放在餐桌上可以成為一種裝飾，非常美觀。

不只是純色的餐紙巾可以折成花，善用你喜歡的餐紙巾款式，再配上一個玻璃小花瓶或杯子，便可以成為一個有特色的餐桌裝飾。

怎樣把餐紙巾鋪成扇形呢？

把玻璃瓶放在餐紙巾的中央，以順時針方向慢慢把玻璃瓶扭轉，令餐紙巾成扇形散開。

聽覺
Sound

聽覺在五感中相對容易處理，而且亦很容易觸動人心。無論是大型宴會，還是小型派對，音樂也是重要的元素。在宴會上選擇播放 CD ？邀請 DJ 即興播放音樂？請來樂隊現場表演？這全視乎你的預算及派對的規模。比較隆重的宴會，不妨花點錢邀請鋼琴家或小提琴家即席演奏柔和的音樂；較大型的晚宴可邀請樂隊演奏及表演；而 DJ 打碟播放音樂則最常見。有一點小建議，若是宴席客人多為年長一輩，不妨邀請樂隊演奏，可以讓客人唱唱歌、跳跳舞，場內氣氛會變得更熾熱。

味覺

Taste

對一個下廚愛好者而言，開派對最重要是有美食、有佳釀，觸動客人的味蕾是最重要不過的事情。宴席中的酒精類飲品如紅酒、白酒、烈酒，甚至是雞尾酒都能帶動派對氣氛，讓客人在輕鬆的心情下聯繫感情。書中亦有不少我的私房食譜，希望藉此機會透過文字、相片把統籌派對的秘訣分享給大家，亦希望大家有一天也能成為一位成功的派對統籌者。

除食品外，飲品也必須要留意，在這裏介紹四款小朋友也適合飲用的無酒精雞尾酒，希望大家喜歡。

Cranberry Mocktail

把紅莓汁（100 毫升）及同等分量的薑汁汽水（Ginger Ale）混合即可。

Elderflower Mocktail

把接骨木花濃縮果汁（80 毫升）、蘋果汁（500 毫升）、有氣礦泉水（500 毫升）及新鮮薄荷葉混合即可。

Pomegranate Mocktail

把石榴汁（500 毫升）、有氣礦泉水（500 毫升）、蜜糖或龍舌蘭糖漿（50 毫升）、青檸汁（1 個）及新鮮薄荷葉混合即可。

Healthy Berry Thick Milkshake

把全脂鮮奶（1000 毫升）、士多啤梨雪糕（500 毫升）、新鮮或急凍雜莓（600 毫升）用攪拌機打混即可。

Chapter 3

派對前準備

Pre-Party Preparation

準備事項清單

要策劃一個派對，事前有很多準備工夫，避免掛一漏萬，我往往會有一個清單列出所有的準備事項，只要照着辦，便能妥善地完成所需工作，策劃一個完美的派對。

6 星期前

- 選擇主題
- 擬定賓客名單
- 設定整個派對的預算
- 選擇日期、時間
- 如果舉辦戶外派對，為以防萬一要有 Plan B。
- 如果不是家宴會，必須預訂宴會場地。

4 星期前

- 準備邀請函、RSVP 卡和感謝卡。
- 擬定菜單
- 填寫所需食材的購物清單
- 訂購蛋糕
- 設計好遊戲及活動
- 預約魔術師、臉部彩繪師等表演人員。

3 星期前

- 郵寄請柬
- 購買派對用品
- 安排額外人手幫忙
- 購買餐具、杯子、餐巾、蠟燭等。
- 自製或購買裝飾品如橫額、氣球、歡迎牌等。
- 自製或購買派對回禮
- 無論是否主題派對均須決定衣服

2 星期前

- 準備派對流程
- 購買其餘的派對用品
- 跟進客人出席名單

7 天前

- 若家中宴客，開始執拾清潔工作。
- 購買食品和飲料
- 致電表演者確認時間
- 安排音樂播放列表
- 選出餐桌用品
- 確認預訂的蛋糕送貨時間
- 若在外宴客，須與宴會場地確認 。

3 天前

- 購買最後所需的食品
- 為相機及攝像機充電，確保有足夠的儲存空間。
- 包裝分配回禮禮品
- 烹調可雪藏或急凍的食品

2 天前

- 烘焙蛋糕（若非在外訂購）
- 確認有額外人手幫忙
- 開始裝飾或準備裝飾品帶到宴會現場
- 預先烹調食物

1 天前

- 準備所有派對食物
- 裝飾蛋糕（如果非在外訂購）
- 準備裝飾或氣球
- 解凍預先準備好的急凍食品
- 冷藏飲品
- 擺設食物枱
- 裝飾回禮禮品枱

3-4 小時前

- 跟進蛋糕送貨情況
- 開始預熱及擺放食品
- 準備冰塊
- 準備遊戲及活動所需
- 放置回禮禮物
- 確定額外幫手到場

1 小時前

- 燃點蠟燭
- 播放音樂
- 擺放飲品及食物
- 確定表演人員到達
- 準備蛋糕蠟燭及點火器
- 為你的佈置及蛋糕拍照

派對時間到了

- 記錄每位客人所送的禮品
- 與賓客拍照留念
- 享受你親自策劃的派對

派對過後

- 寫感謝卡

掃一掃，取得電子版
派對籌備清單。

購物清單不可少

在家宴客少不了購買食材以作烹調之用，為避免掛一漏萬，我一般會在電腦做一個購物清單，以鮮肉、凍肉、新鮮蔬菜、奶製品、新鮮海鮮、水果、糧油、海味乾貨、飲料、糕點包點、急凍貨品、雜項及特別食材等十二大種類，然後再根據菜式列明各種食物的細項及分量，以方便選購。我會在細項後加入分量，如兩道菜也需要豬肉，一道需要 500 克，另一道需要 200 克，我會寫着「500 克＋ 200 克」，這樣便知道是兩道菜的材料。

種類	細項
鮮肉	豬、牛、雞、鴨、鵝或內臟等。
凍肉	火雞、牛扒、牛尾、牛腩、火腿、香腸等。
新鮮蔬菜	街市或超市能買到的新鮮蔬菜
奶類及其製品	鮮奶、芝士、雪糕、乳酪等。
新鮮海鮮	魚、蝦、蟹、貝殼類等。
水果	新鮮貨或急凍貨
糧油	油、鹽、糖、豉油、蠔油等 。
乾貨	海味雜貨等
飲料	果汁、汽水、啤酒等。
糕點及包點	麵包、饅頭、甜點等。
特別食材	無麩質食物、純素食物、龍舌蘭糖漿等。
雜項	保鮮紙、錫紙、膠餐具、燒烤炭等 。

掃一掃，取得電子版本的購物清單。

節日系列

Chapter 4

浪漫情人節晚宴

Romantic Valentine's Dinner

在家親自下廚，發揮創意來佈置，與摯愛享受一頓充滿浪漫旖旎氣氛的晚餐。

對情侶而言，情人節是一個極具意義的日子，不妨嘗試親手策劃一個小晚宴，讓他度過一個難忘的晚上，二人的關係更進一步，何樂而不為呢？情人節晚宴中，除燭光晚餐外，還要留意各樣細節，可以利用花朵做出不同裝飾及擺設，令浪漫氣氛大大提升。

攝影 : atta@dmbproductions
場地提供 : Ms. Monica Leung

氣氛是整個晚宴的主線，我一般會預先把花藝擺設設計好，並預早三星期到花店訂花，在情人節前一天取花後分批紮好，正日早上便把花掛上，接着便有整個下午預備食物了。

食物方面當然以西餐為主，我特別設計了一系列火熱的紅調菜式，包括有魚子醬慕絲、烤大蒜紅菜頭甘薯湯、焦糖燉蛋、紅桑子士多啤梨特飲，都可以預早一天準備，當天只要預備心形意大利雲吞便可，還有時間輕輕鬆鬆做常春藤餐巾扣及其他裝飾，甚至可以化一個靚妝應約。

雖然菜式可以預早準備，但也不忘在上菜前添上小裝飾，就像烤大蒜紅菜頭甘薯湯，我便特別在湯面上以忌廉做成心形拉花，做法簡單又精緻，加上你的誠意，完全展示了你對他的心意。

五感 Checklist

味覺：紅調的情人節餐
視覺：大大小小的花藝垂吊擺設
聽覺：柔和的鋼琴及大提琴音樂
嗅覺：香薰蠟燭
觸覺：各款花飾及餐巾裝飾

情人節禮物 Tips

For Him
岩鹽燈

For Her
紅色玫瑰永久花

焦點：花藝垂飾

今次邀請了好朋友 Monica 做了一個垂吊式的鮮花擺設以裝飾吊燈，完美增添情人節的浪漫氣氛。Monica 於情人節三星期前已到花墟訂了淡淡的香檳色玫瑰，而且還特別訂了標準及迷你尺寸，襯上深綠調的常春藤，一深一淺，效果更突出。而我們特別在情人節前一天的早上到花店取花，晚上把花養好水，再分批紮好。情人節當天早上八時，便把一束一束的花紮在吊燈上，大約花上五小時便完成。若樓底不高的話，你亦可以做一個迷你版，同樣能營造不一樣的氣氛。

材料：

英國玫瑰 4 打
迷你玫瑰 4 打
常春藤 90 條
甜豌豆 2 打
費用：$1,305

菜單

魚子醬慕絲

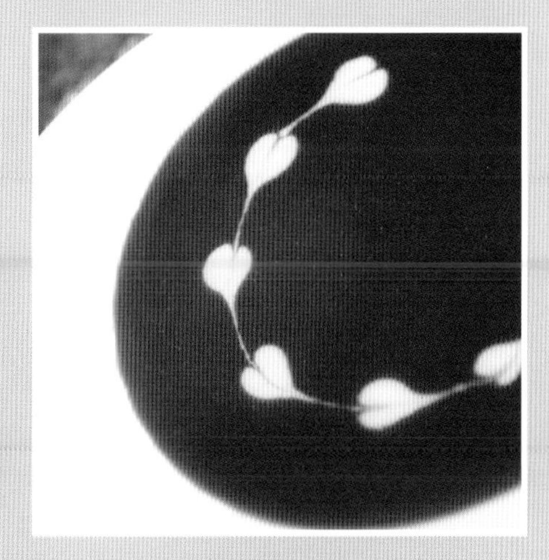

烤大蒜紅菜頭番薯蓉湯

心形意大利雲吞

法式焦糖燉蛋

紅桑子士多啤梨特飲

食譜分享

烤大蒜紅菜頭番薯蓉湯

紅菜頭一向被譽為超級食物，是近年的健康食材新貴，加上其火紅的色調，做出的濃湯顏色更吸引。今次便以蒜頭、番薯、紅葱頭的甜味及獨特香氣提升紅菜頭的香味，每口湯也帶着濃濃的蔬菜味道，相當吸引，再加上以乳酪做出心形拉花，簡直令人甜入心。

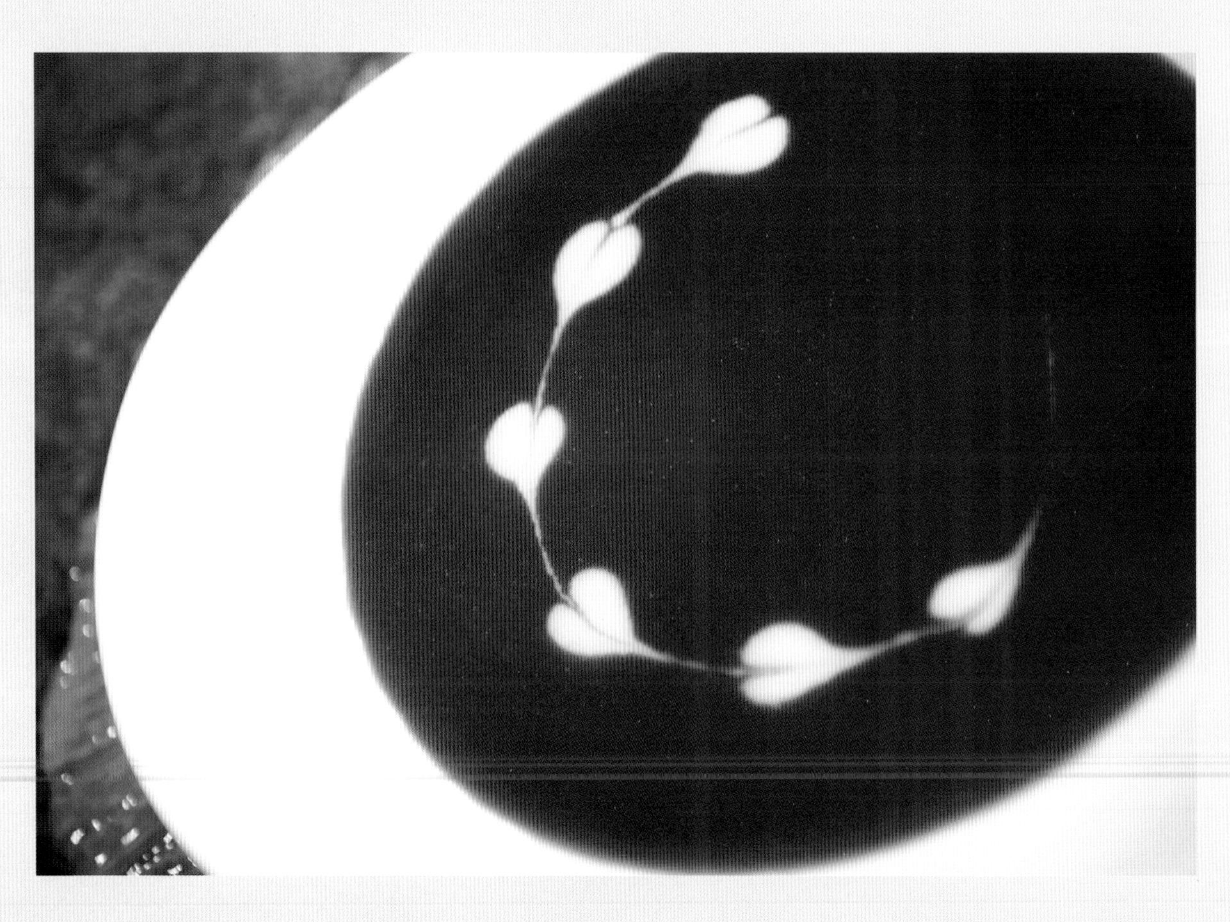

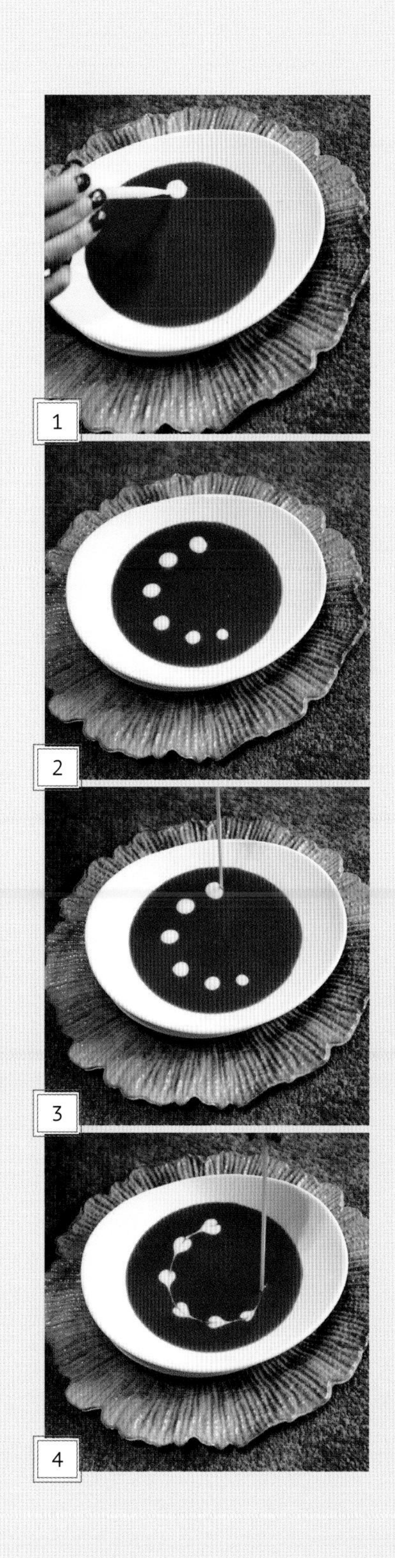

材料（兩碗分量）：

紅菜頭（切成小塊）250 克
番薯（切成小塊）250 克
紅葱頭（切成小塊）1 粒
蒜頭（切片）1 整棵
橄欖油 1 湯匙
有機蔬菜濃湯 500 毫升
鹽或胡椒粉 各少許

裝飾用材料：

乳酪 1 湯匙
牛奶 1/2 湯匙

做法：

1. 在大焗盤上塗滿橄欖油，放入所有蔬菜，蓋上錫紙。
2. 放入預熱至 180 ℃ 的焗爐內焗 45 至 60 分鐘，直至全部蔬菜熟透。
3. 將蔬菜及其汁液倒進平底鑊，加入有機蔬菜濃湯，煮至沸騰，下鹽及胡椒粉調味，蓋上蓋煨 15 分鐘。
4. 將煨完的蔬菜用攪拌棒打成蓉即成濃湯。
5. 做拉花裝飾，把牛奶與乳酪混合，用一支 2 毫升吸管吸入牛奶乳酪，小心在湯面滴入約 1 厘米直徑大小的圓點，沿着碟邊滴入另一個比較小的圓點，重複滴 6 至 8 滴。在最大的圓點中間插入牙籤，拉一條線直至穿過所有圓點，便成為心形拉花。

食 譜 分 享

法式焦糖燉蛋

是經典又美味的法式甜品，幸好其做法亦不算難。要做得又軟又滑，需好好控制焗爐的火候，而最重要是燉蛋面的那層焦糖，必須即燒即吃，才是最完美的食法。

材料（四個分量）：

鮮奶油（Whipping Cream）300 毫升
全脂牛奶 130 毫升
紅糖 30 克
蛋黃 4 個
馬達加斯加香草膏 1 茶匙
砂糖 少許

做法：

1. 將鮮奶油及牛奶加熱至剛剛沸騰，拌入 1 湯匙紅糖等待冷卻。
2. 把餘下的紅糖、蛋黃及香草膏打成均勻的蛋黃混合物。
3. 將奶油再加熱至剛剛沸騰，拌入蛋黃混合物打勻。
4. 把混合物倒入小碗中，放在深焗盤上。
5. 焗盤注入熱水，水位高度約為小碗的一半。
6. 放入預熱至 180℃ 焗爐中，焗 10 至 15 分鐘。
7. 待完全冷卻後放入雪櫃，食用時才取出，灑上少許砂糖，用火槍將糖燒成焦糖即可。

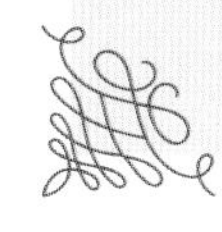

D.I.Y.

自製
常春藤
餐巾裝飾

餐桌的佈置可以放香薰蠟燭、枱花，不妨再利用花材的剩餘物資做一個餐巾裝飾，感覺更完美。

材料（一個分量）：

迷你玫瑰花 4 朵
甜豌豆 少許
常春藤 55 厘米
麻繩 1 條
花用鐵線 1 條

做法：

1. 把花用鐵線扭成髮夾狀。
2. 將常春藤的頭尾連接，以剛扭好的髮夾夾着其頭尾，扭緊以保持形狀。
3. 把玫瑰花、花蕾及甜豌豆紮成小花束。
4. 用麻繩紮起後固定在常春藤的接駁位。
5. 最後以麻繩綁上蝴蝶結即可。

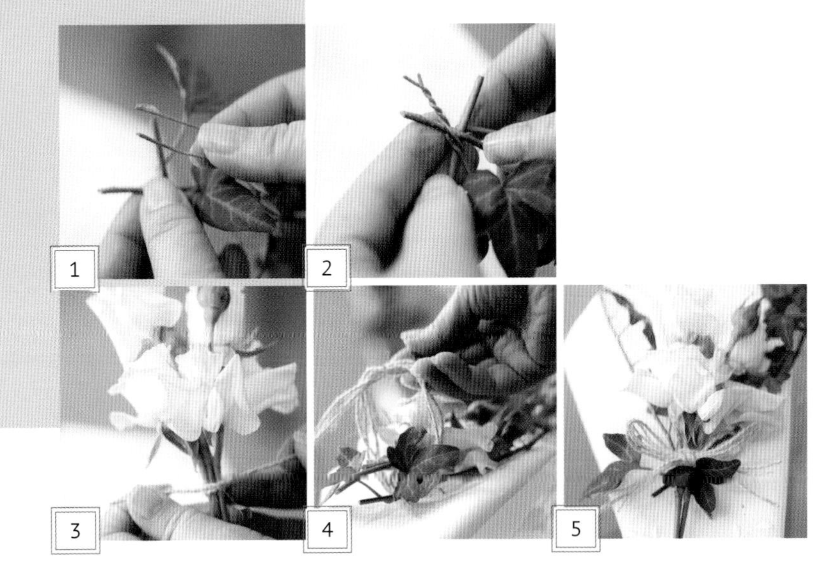

節日系列

Chapter 5

聖誕節燒烤大餐

BBQ Christmas Feast

與親朋好友一起動手佈置，在極具氣氛的環境下，享受豐富而傳統的特色聖誕大餐。

聖誕節是一個普天同慶的大日子，我從小就已經很期待，特別是聖誕大餐，一家人圍在一起吃火雞、蛋糕，再交換禮物，極具氣氛。兩口子的聖誕大餐可以很簡單，預早在餐廳訂枱舒舒服服地享用一頓帶浪漫情調的聖誕晚餐便可，若是一家人出外用餐，便要考慮價錢了。我建議大家可以在家裏辦一個聖誕派對，既有氣氛，又可以互相聯繫感情。

攝影： atta@dmbproductions
資料提供：張霖記凍肉
示範嘉賓：梁美芬女士

五感 Checklist

味覺：香濃的燒烤食物
視覺：各款蠟燭
聽覺：聖誕音樂
嗅覺：燒烤香氣
觸覺：各款花飾及餐巾裝飾

傳統的聖誕大餐一般會包括火雞、火腿、聖誕布甸、香料熱紅酒及其他小食甜品，如果你是派對主人，往往為了準備而感到吃力，然後便影響了你當日的心情。近年，我愛在聖誕節舉辦火鍋或燒烤派對，只需準備新鮮的食材，如肉類、海鮮、蔬菜等，和家人或朋友一邊談笑一邊烹調，加上預先準備火雞或火腿，便能做出一頓豐富而美味的聖誕大餐。

在這個聖誕大餐燒烤篇中，我會為大家提供兩款比較特別的食譜，分別是 BBQ 串燒梅子白鱔及 BBQ 牛腩，這兩款食譜最特別的是醃汁。至於烤火雞，我不打算詳說了，因為一般香港家庭難以在家烤焗火雞，反而訂購回家後如何切火雞才是技巧，就讓我分享聖誕派對上的各種心得。

菜單

湯	甘筍番茄湯
頭盤	火箭菜牛柳冷盤黑醋汁 芒果中蝦生果沙律 番茄水牛芝士羅勒黑醋
主菜	焗火雞 串燒梅子白鱔 燒牛脷 燒羊架 韓式五花腩 日式雞中翼 雞軟骨 原隻魷魚 韓國大蜆 蒜茸中蝦 油鹽水花甲 秋葵 大啡菇 金菇 各式丸子 法蘭克福腸
甜品	燒菠蘿 紅絨絲小蛋糕
飲品	紅酒 白酒 薄荷檸檬生果水 士多啤梨檸檬水 西班牙特飲

甘筍番茄湯

火箭菜牛柳冷盤黑醋汁

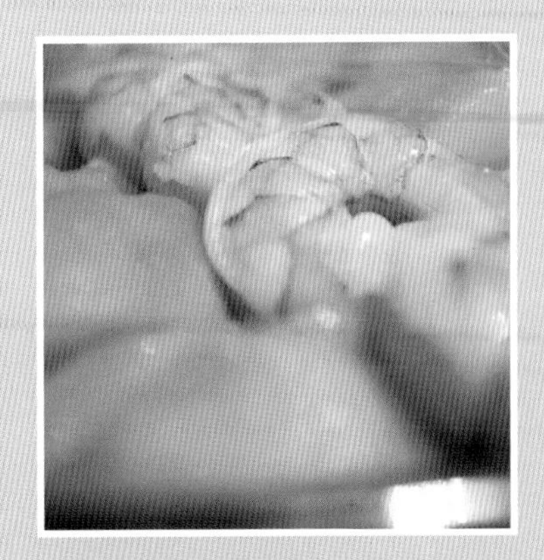
芒果中蝦生果沙律

番茄水牛芝士羅勒黑醋

紅絨絲小蛋糕

各式各樣的聖誕佈置

Tips 1

誰說一定要八呎高的聖誕樹？一棵簡約但經特別設計的木製樹，也可變成引人注目的聖誕樹，在樹枝上放着小蠟燭，入夜後更加迷人。只要略花心思，變換不同的裝飾，這棵特別的木製樹便可成為不同主題的佈置。

換上適量的心心裝飾，搖身一變成為充滿甜蜜氣氛的情人樹。

換上糖果造型裝飾，又變身成糖果樹。

Tips 2

漂浮蠟燭

Tips 3

玻璃花瓶中的圓柱狀蠟燭

Tips 4

無焰 LED 蠟燭及雪人擺飾

Tips 5

玻璃花瓶的小燈串

Tips 6

椅子背後的聖誕蝴蝶結

Tips 7

聖誕鹿

火雞之談

在不少人心目中，聖誕與火雞往往劃上了等號。你可以到西餐廳、酒店或會所訂購烤焗好的火雞，如有需要，更可以把火雞預先切片，甚至連燒汁、蔓越莓醬、火雞餡料等都為你準備好，實在方便。如果你喜歡在家中自己動手烹調，那可以參考一下我的心得，一般在超市買到的雪藏火雞稱為 Regular Turkey，我推介「Honey Suckle」、「Butter Ball」、「Jennie O」和「Norbest」這些牌子。在香港也能找到美國 USDA 認證的有機火雞（Organic Turkey），火雞不含抗生素和激素，嚴格遵從相關標準。還有一種稱為 Heritage Turkey，這火雞味道有點像乳鴿，除非有相熟凍肉舖可以幫你訂購，否則在香港比較難買到。

找到心儀火雞後，下一步便要決定火雞的大小，每一個人都有自己的計算方法，以我自己經驗，每位成人以 500 克計算，7 歲至 15 歲的小朋友則預算 200 克。這個分量會預留一些剩餘的火雞，翌日再烹調一下，就能作為一道餸菜。簡單來說，如果有 10 位成人及 5 位小朋友，便是 5 公斤加 1 公斤，那你便需要買一隻 6 公斤（約 12 至 13 磅）的火雞了。

如何解凍火雞？

解凍火雞是整個烹調過程中的一個關鍵，以下有三種解凍方法：

1. 冰箱解凍

是我比較常用的解凍法，雖然 12 月的天氣比較寒冷，但我覺得在冰箱解凍肉類會比較安全。每 2 公斤重的急凍火雞需 24 小時解凍，那麼 6 公斤便需要花上 3 天時間，記住你需要每天把溶解的血水倒掉，並用廚房紙抹乾整隻火雞，放回冰箱，直至完全解凍為止。

2. 清水室溫溶解法

香港人的雪櫃一般比較小，放了整隻火雞後，相信已經沒有其他空間再放派對所需的物資了，所以可以嘗試用清水室溫解凍法，在器皿內放入火雞，加水蓋過面，因為水會發臭，必須每小時更換清水一次，否則火雞容易變壞。我建議大家用廚房溫度計，每兩小時測水溫，水溫必須低於 4℃，若高於 4℃，便須馬上換水及放進冰箱，因為在這溫度開始滋生細菌，容易白白浪費了整隻火雞。

3. 鹽水室溫溶解法

與清水室溫溶解法相似，火雞每公斤與水的比例為 1 ： 1.5，以 6 公斤的火雞計算，便需要 9 公升鹽水，而每 5 公升水用一杯鹽，9 公升的水須加入 2 杯海鹽，而我會在鹽水中加入迷迭香、鼠尾草、百里香等香料，以及加 2 個橙及 2 個檸檬榨出的果汁，因為酸性能令火雞快一點溶解及會較易入味。解凍時，毋須放進冰箱，但需要用溫度計每三至四小時量度溫度，水溫必須低於 4℃，若高於 4℃，便須馬上換水及放進冰箱。每 2 公斤重的火雞需要解凍 12 至 16 小時，約 6 公斤的火雞便須近 2 天時間解凍。

如何切火雞

烹調方法便不詳談了，大家可以在網上找到各式食譜，隨自己喜歡便可。反而我希望教一教大家怎樣去切火雞，因為很多人覺得火雞太大，不知從何入手，以下教大家的方法將讓你掌握此技巧。而我建議用兩隻碟放置火雞肉，並同時配上預先取出的火雞餡、火雞肉汁及紅莓醬。

工具：

廚師刀
切肉刀
去骨刀
帶坑紋砧板

做法：

1. 從焗爐取出火雞後，將肚內的餡料拿出，火雞放在室溫休息 30 分鐘，讓肉汁不易流失，稍涼後亦容易切開。
2. 把火雞腿拉開，用廚師刀切開腿關節和身體之間的皮，還要把髖關節也切開。重複切開另一條腿，放上碟。
3. 用廚師刀把火雞翼位切開，切法跟雞腿一樣，從關節周圍開始切，避開骨骼，會比較容易。重複另一隻翅膀，放上碟。
4. 用去骨刀沿着胸骨連皮向下切，盡量貼近胸骨，同時用另一隻手把肉拉開，用切肉刀把肉切成你想要的厚度，重複雞背位置。

如何選購牛脷？

購買牛脷有點講運氣，因為單憑外表並不能辨別牛脷內的雪花，只能以直切的方法切開，才能看到油花的分佈，愈白愈滑，代表愈軟腍。張霖記凍肉的 Eric Cheung 教路，連接喉嚨的部位較粗大，油脂分佈比較均勻，肉質也比較腍，相對脷尖位會比較韌，所以選購牛脷時，宜選擇較粗大肥厚的。香港比較容易買到巴西及美國牛脷，至於本地屠宰的新鮮牛脷，通常會留給高檔食肆，較難找到。當然你也可以買日本和牛牛脷，但價錢貴五倍，肉質卻與普通巴西牛差不多。

食譜分享

BBQ 牛脷

香軟的牛脷以簡單的調味已能帶出美味，並用上味醂及清酒辟去牛脷的羶味。而醃好後的牛脷，可以 BBQ，亦可以烤焗或以油鑊煎香。

材料：

急凍牛脷 1 公斤

醃料：

生抽 40 毫升
味醂 40 毫升
日本清酒 40 毫升
蜜糖 20 克
麻油 1 茶匙
蒜茸 1 湯匙
葱碎 1 湯匙
鮮薑汁 1 湯匙

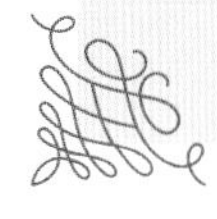

做法：

1. 請急凍店老闆把牛脷去皮切片。
2. 回家後把牛脷清洗乾淨，用廚房紙吸乾水分。
3. 把醃料放入碗中拌勻。
4. 牛脷放進保鮮盒中，加入醃料，用湯匙均勻塗抹在牛脷上。
5. 蓋上保鮮盒蓋，放入冰箱內醃製 12 小時或以上。
6. 將醃好的牛脷，以每兩至三片用竹籤串起。

食譜分享

BBQ串燒梅子白鱔片

海鮮是不少人的至愛，將肥美的白鱔燒烤，便最能吃出白鱔的油香。今次特別用上白味噌及梅子醬來調味，味道酸酸甜甜，燒烤後更添滋味。

材料：

白鱔600克

醃料：

關西白味噌／九州味噌50克
味醂30克
日本清酒30毫升
梅子醬50克
雞蛋1隻
麻油1茶匙
蒜茸1湯匙
薑蓉1湯匙

小貼士：

可用其他魚塊代替白鱔片，另外用深色的味噌可把分量減半。

做法：

1. 請魚檔把白鱔去骨起肉，回家後洗淨切片，用廚房紙抹乾水分。
2. 將所有醃料放入大碗中拌勻。
3. 把白鱔片放入保鮮盒，加入醃料並完全浸過白鱔片。
4. 把保鮮盒蓋好，放在冰箱中醃12小時。
5. 把醃好的白鱔用竹籤串起，大約每串2片。

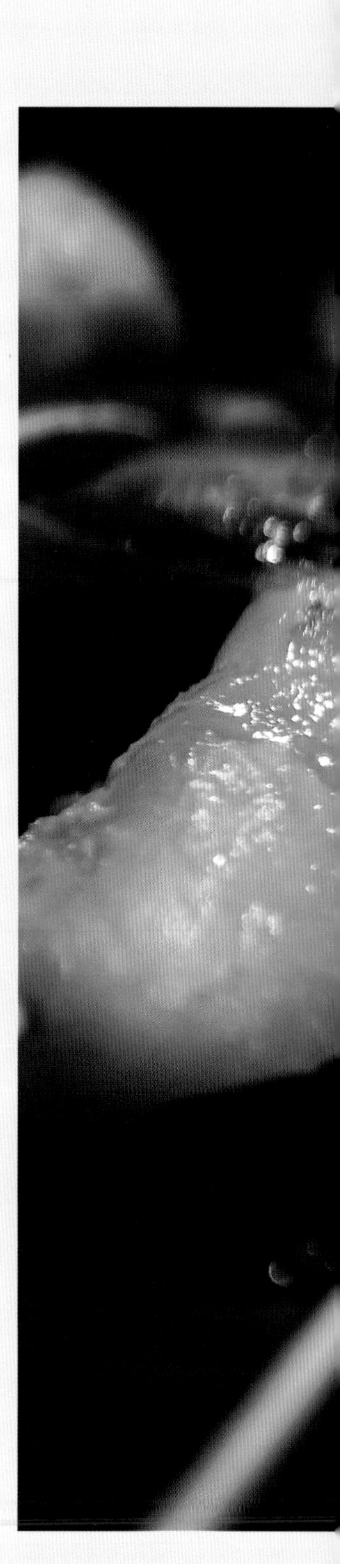

D.I.Y.

杯子蛋糕
裝飾

雖然是燒烤派對，但食物總要有點聖誕氣氛，今次便教大家以奶油糖霜或翻糖，為平平無奇的蛋糕添上聖誕氣氛，做法簡單又精美。

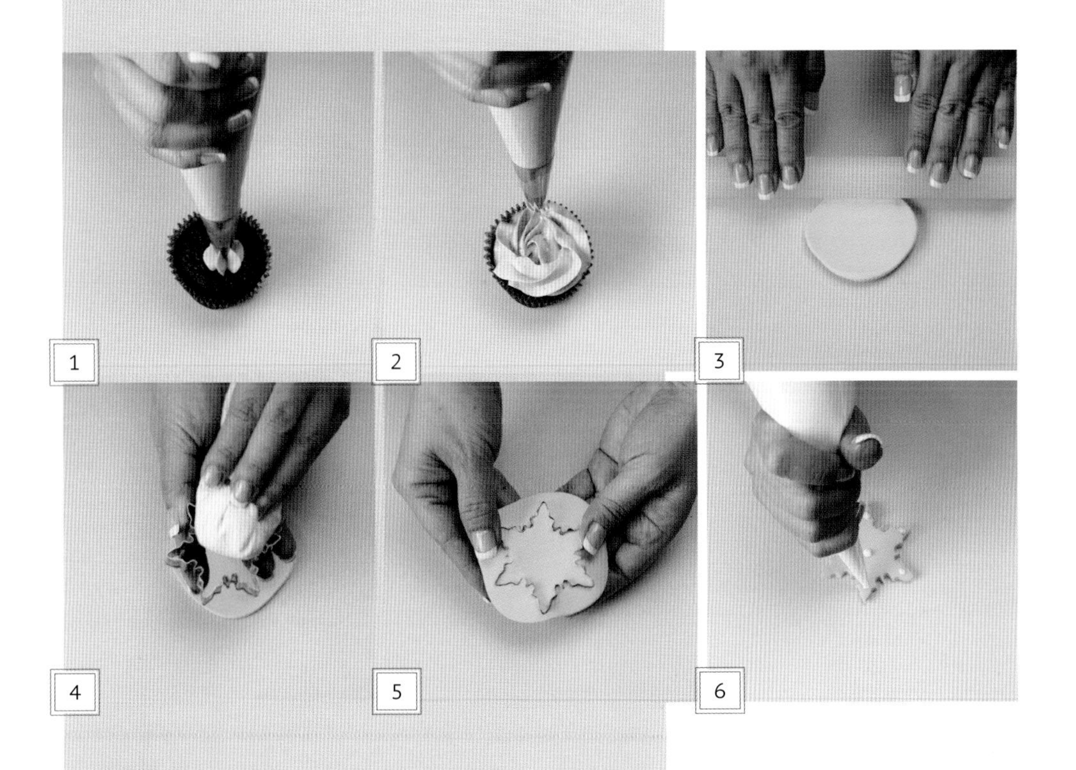

材料：

杯子蛋糕
奶油糖霜
翻糖（自己喜愛的顏色）
蛋白糖霜
銀色糖衣裝飾珠子
玉米粉

工具：

唧花袋
星形唧嘴
擀麵杖
餅乾切割模

做法：

1. 把唧嘴套入唧花袋，將奶油糖霜放入唧花袋中，將唧嘴對準杯子蛋糕的中心。
2. 沿着杯子蛋糕周邊，以逆時針壓出奶油糖霜，直至回到中心點，做成奶油玫瑰花。
3. 用擀麵杖把翻糖壓成偏圓形。
4. 將玉米粉灑上餅乾切割模，用力壓在翻糖上。
5. 把翻糖倒轉會比較容易取出。用蛋白糖霜在翻糖雪花邊沿點上圓點，並放上銀色糖衣裝飾珠子。
6. 最後放在奶油玫瑰上即可。

D.I.Y.

DIY
蜂蠟蠟燭

我最愛以蠟燭作為派對裝飾的主角，今次便教大家以蜂蠟做出幼長的蠟燭，而你亦可以根據自己的喜好，把蜂蠟片做成不同尺寸的蠟燭，點綴家居。

材料：

蜂蠟片
染色蜂蠟片
蠟燭棉芯

工具：

玻璃棒
剪刀

做法：

1. 在微波爐或雙層鍋中把蜂蠟片融化。
2. 將棉芯完全泡在蜂蠟溶液中，夾起滴乾。
3. 將蜂蠟片切成 40 毫米乘 200 毫米大小。
4. 蜂蠟片中放着棉芯，捲起蜂蠟片，緊緊包裹着棉芯。
5. 把多餘的棉芯剪掉，露出約 2 至 3 厘米即可。

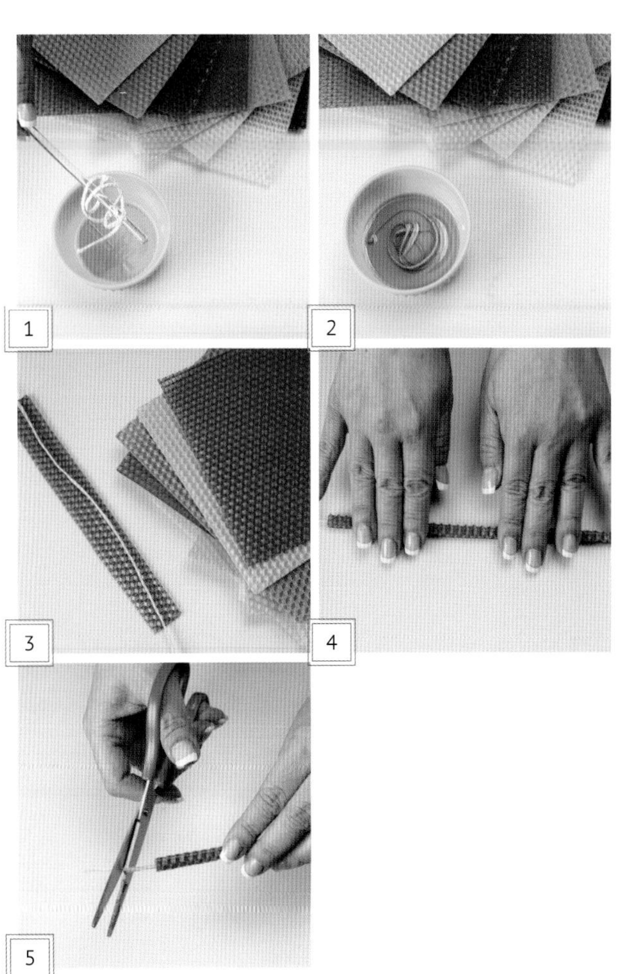

D.I.Y.

如何打出華麗的蝴蝶結？

一個漂亮的蝴蝶結，往往令一份禮物、花束或飾品錦上添花，但要綁一個漂亮的蝴蝶結卻比想像中難。蝴蝶結是聖誕派對中最簡單又搶眼的裝飾，就趁這機會教大家打一個漂亮又典雅的蝴蝶結，重點是這方法一點也不難，手拙的人也可以綁出一個完美的蝴蝶結，在節日和重要日子便大派用場。

材料：

38mm 粗緞帶 80cm 長
24 號鐵線 1 條

做法：

1. 將緞帶對折，在中間位置交叉做成圓環形。
2. 把右邊緞帶提起放在圓環後方，做出半個蝴蝶結。
3. 另一邊重複，把左邊緞帶放在圓環後方，做出整個蝴蝶結。
4. 將鐵線對折成 U 形，並將 U 形位夾在圓環中及緞帶後方。
5. 將鐵線扭緊以固定蝴蝶結的大小及形態，而鐵線尾部則扭在一起，同樣作固定之效。
6. 最後把緞帶尾部剪成斜角，即成為一個完美的蝴蝶結。鐵線尾部毋須剪掉，以便固定在聖誕樹或其他物件上。亦可以做不同顏色、大小的緞帶蝴蝶結，以配合不同的派對主題。

家中宴客

Chapter 6

台式宴席過冬至

Dinner at Winter Solstice

和家人聚首一堂，精心烹調豐盛晚餐，一同細味人生。

每逢節慶，往往是宴客的最好時機，與珍惜的家人、親密的好友，甚至是工作上的好拍檔共聚一堂，氣氛特別輕鬆自在，令節日氣氛更加歡愉、盡興。

攝影：Can Wong 黃偉國（HKIPP）& Jeremy Wong 黃浩軍

五感 Checklist

味覺：帶台式風味的濃厚菜式
視覺：古董擺設
聽覺：柔和音樂，可播放流行歌曲或鋼琴音樂
嗅覺：帶香薰的蠟燭
觸覺：中國風陶瓷餐具、有紋理的筷子

在家宴客，除了菜式必須考慮客人的口味外，亦要根據人數，提前確定菜式數量，菜單中設冷盤、湯羹、主菜、麵飯及甜品，主菜以四至五道為宜。

作為宴席的女主人，當天宜與丈夫一同招呼客人，以免經常躲於廚房而令賓客有怠慢之感，廚房這戰場就留給傭人，事前要先了解傭人的拿手菜式，讓她發揮，減輕你的負擔。另外，正如早前〈完美派對的九大元素〉單元曾說過，最好有一半的菜式預早一兩天完成，就像愈煮愈美味的炆煮、燉煮菜式，或者須冷藏一晚的冷盤或甜品，又或可以快速完成的前菜，這樣做事更事半功倍。

菜式重要，亦要考慮碗碟及餐具，例如今次冬至主題的台式宴會，冷盤用上多格式的陶瓷轉盤，湯水以燉盅每位奉上，而揚州獅子頭，則用底部有蠟燭的器皿盛載，以保持溫度。

最後提提大家，在家宴客要留意客人的到場時間。以我個人經驗，客人一般比預定時間早到，若有小朋友客人的話，記住預備小食，如蛋糕、曲奇等，以免小賓客肚子餓。另外，還須預留少許空間讓他們在餐前玩耍。

菜單

天官賜六福
（冷盤：六味人生——甜、酸、苦、辣、鹹及醉）

補寶養生湯
（沙參南棗蟲草花湯）

獨占鰲頭「瑞獅繡球」
（揚州獅子頭）

如意寶鴨
（陳皮洋葱鴨）

翡翠春苗
（時令蔬菜：清炒豆苗）

天京會面
（台式炸醬麵）

酒香明珠
（湯圓）

點點心意
（美點雙輝）

六味冷盤比喻高低人生

正所謂冬大過年，冬至是中國人的大節日，我習慣在冬至當天招呼家人在家做冬，共聚天倫。古代人認為，能捱過寒冬的日子，迎接春天的來臨，是上天賜予的福祉，所以「冬至大過年」便是這意思。在這餐冬至晚宴中，我特別設計了六味人生的冷盤，以食物比喻過往一年的高低經歷，用作團圓更具意思。另外，還做了我最愛的台式炸醬麵、陳皮洋葱鴨等，以下便為大家奉上我的私藏食譜。

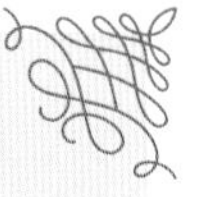

食譜分享

甜：涼拌桂花話梅車厘茄

這是一道開胃又美味的冷盤，以話梅的酸調為主，配香甜的有機蜂蜜及芳香十足的桂花，讓番茄帶甜帶酸，並帶花香，味道層次相當豐富。另外，浸泡過番茄的糖水才是整道冷盤的精華所在，不妨拌入梳打水或無糖綠茶做成特飲。

材料：

車厘茄 500 克
蒸餾水 50 毫升
有機蜂蜜 50 克
桂林乾桂花 20 克
甜話梅肉 20 克

做法：

1. 在車厘茄頂部切一刀，或把車厘茄一開為二，以便入味。
2. 乾桂花用室溫水浸泡約 3 分鐘，洗淨略瀝乾，放入茶葉袋備用。
3. 在大碗中加入車厘茄、蒸餾水、有機蜂蜜、桂花、甜話梅，拌勻後置於雪櫃雪一晚即可享用。

小貼士：

除有機蜂蜜外，亦可選擇有機龍舌蘭糖漿（Organic Blue Agave or Agave）或有機楓葉糖漿（Organic Maple Syrup），以不同的甜味來提升番茄的鮮味。

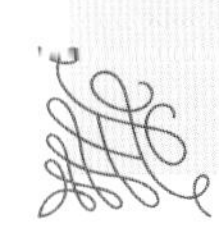

食譜分享

苦：冬菇苦瓜蝦乾炒粉絲

苦，是人生必嚐的味道，這味道最讓人感受深刻。這冷盤以苦瓜的甘苦味為主調，苦瓜等以輕焯及略炒的方式保留爽脆的口感，配上蝦乾的鹹鮮、冬菇的鮮香，簡單又鮮味。

材料：

苦瓜 1 條（約 200 克）
蝦乾 100 克
乾冬菇 / 花菇 5 朵
龍口粉絲 100 克
浸泡冬菇水 200 毫升
薑 2 厚片

焯苦瓜用材料：

水 4 杯
鹽 1 茶匙
黃糖 1 茶匙
生油 1 茶匙

調味料：

蠔油 1 湯匙
生抽 1 茶匙
黃糖 2 茶匙
生油 1 湯匙
紹興酒 1 湯匙

小貼士：

冬菇以溫水浸泡，可使冬菇容易吸水變軟，又能保存其中的鮮味。而冬菇內的水溶性纖維素會溶於水中，宜留下使用。

做法：

1. 把苦瓜洗淨，切掉頭尾，然後一開四，用湯匙把苦瓜籽刮走，並斜切成約 2 毫米的薄片。
2. 煲滾 4 杯水，加鹽、黃糖及生油，再加入苦瓜焯約 30 秒，盛起放進冰水中，以防止苦瓜變黃，瀝乾水分備用。
3. 把冬菇洗乾淨，以 25℃至 35℃溫水浸軟，並隔水蒸約 15 分鐘，放涼後切片備用。
4. 粉絲用室溫水浸泡至軟身，備用。
5. 蝦乾用室溫水浸泡 15 分鐘，瀝乾，切小段備用。
6. 燒熱鑊下生油，以中火爆薑片約 1 分鐘至散發香氣，加入蝦乾快炒，再加入冬菇絲及苦瓜絲炒 2 分鐘，放蠔油、生抽、黃糖炒勻。
7. 把鑊內食材撥開，預留中間位置，加入粉絲及冬菇水，炒勻。待粉絲軟身後，在鑊邊加紹興酒，略炒勻即可上碟。

食譜分享

辣：涼拌日本芥末貓耳朵

貓耳朵是頂級雲耳的別稱，因其外形帶圓形、有點像貓耳而得名。貓耳朵輕焯後，口感比其他雲耳爽脆，用來做涼拌便最好不過。做涼拌，醬汁非常重要，今次以日本芥末、老抽、麻油、蔥花等做成醬汁，帶辣勁又帶麻香，與爽脆的貓耳朵最為合拍。

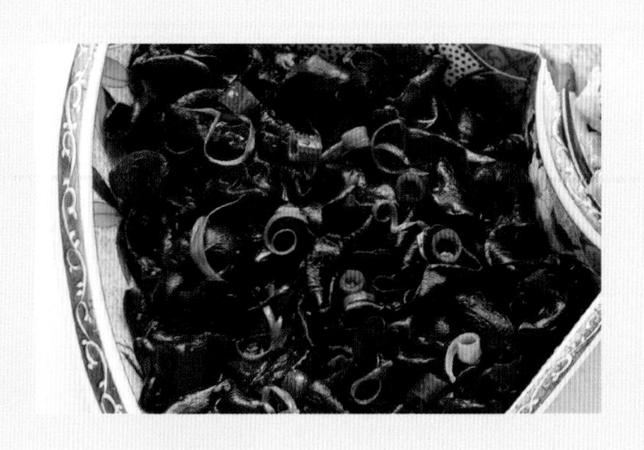

材料：

乾貓耳朵 40 克
生抽 1 湯匙
老抽 1 湯匙
黃糖 2 茶匙
日本芥末 1 湯匙（各品牌的日本芥末都有不同的辣度，分量請自行調配）
室溫水 1 公升
蔥花 1 湯匙
麻油 1 茶匙

小貼士：

貓耳朵在浸發前較薄身，浸泡後可脹大兩倍。浸泡時，水量宜為貓耳朵的 20 倍，如 50 毫克貓耳朵便用 1 公升水浸泡。另外，浸泡時宜以一個比碗較小的碟完全壓住貓耳朵，以讓其完全浸泡於水中。

（左起）雲耳、貓耳朵及木耳，貓耳朵入口較雲耳及木耳爽脆。

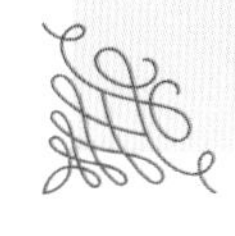

做法：

1. 將貓耳朵放碗中以室溫水浸泡，用筷子稍微攪拌數圈，讓雜質往下沉澱，浸約 30 分鐘至軟身，剪掉蒂頭。
2. 煲滾一鍋水，放入貓耳朵略焯，盛起，過冷河，瀝乾水分。
3. 把貓耳朵放入盤內，下生抽、老抽、黃糖、日本芥末拌勻，放入雪櫃雪一晚。
4. 最後加上葱花、麻油，即可上碟。

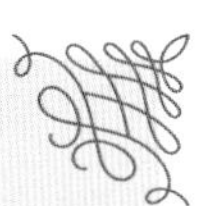

食譜分享

鹹：肉鬆豆腐皮蛋

另一款做法簡單又美味的台式冷盤，以生抽、老抽、黃糖等做成健康又不油膩的醬汁，配上嫩滑的豆腐和鮮美的肉鬆，簡單又美味。

材料：

蒸煮豆腐 1 盒
皮蛋 2 隻
肉鬆 3 湯匙
老抽 2 湯匙
生抽 1 湯匙
麻油 1 湯匙
黃糖（或蜜糖） 1 湯匙

做法：

1. 先把皮蛋一開四。
2. 碟上放蒸煮豆腐及皮蛋。
3. 將老抽、生抽、麻油、黃糖拌勻，淋在豆腐面，再放上肉鬆即可。

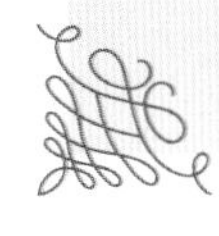

食 譜 分 享

台式炸醬麵

作為半個台灣人，我一向對台灣食物情有獨鍾，而這道學自媽媽的台式炸醬麵更是我的 comfort food。方法相當簡單，把免治豬肉炒香再炆，簡單煮好一鍋後，可以伴上麵條或米飯，兩者同樣可口。

材料：

免治豬肉 600 克
溫室青瓜（切絲）1 條

調味料：

磨豉醬 2 湯匙
蒜茸辣椒醬 2 湯匙
老抽 1 湯匙
清水 500 毫升
黃糖 1 茶匙
生油 2 湯匙
麻油 1 茶匙
蒜茸 1 茶匙
紹興酒 2 茶匙

做法：

1. 燒熱鑊，下 2 湯匙油，放免治豬肉炒至金黃色，在鑊邊濳紹興酒，盛起豬肉，油留鑊中。
2. 再燒熱鑊，爆香蒜茸、磨豉醬、蒜茸辣椒醬，加入炒至金黃的免治豬肉，繼續炒 2 分鐘，下老抽、黃糖調味，略炒後加水，以大火煮滾後轉小火燜 1 小時成為炸醬。記住中途必須攪拌及留意濃稠度，判斷要否再加水。
3. 煮好後盛起，可配搭喜愛的麵條及切絲溫室青瓜食用。

食譜分享

陳皮洋葱鴨

鴨與陳皮是絕佳的拍檔，這道菜做法略為複雜，必須先把鴨煎至金黃色後再炆煮，每口鴨肉也帶着淡淡的陳皮清香，不油不膩，恰到好處，而且兩者結合下，還具開胃健脾、滋補的功效。

材料：

冰鮮鴨 1 隻（約 2 公斤）
紅洋葱（切粗條） 6 隻
乾葱頭（拍扁） 10 粒
蒜頭（拍扁） 10 粒
陳皮 3 片
清雞湯 500 毫升
紹興酒 30 毫升
薑 4 厚片
葱（切段） 2 條
生油 4 湯匙

醃料：

紹興酒 2 湯匙
薑汁 2 湯匙
老抽 1 湯匙

醬汁材料：

生抽 2 湯匙
老抽 50 毫升
磨豉醬 2 湯匙
蠔油 1 湯匙
麻油 1 湯匙
冰糖 50 克

做法：

1. 果皮用室溫水浸泡至軟身，刮去瓜瓤，留起浸泡水備用。
2. 把鴨清洗乾淨，在鴨腿下斬去鴨腳及切去鴨臊（鴨尾），鴨尾可切得較深，避免有鴨膻味。
3. 抹乾鴨身，鴨腔內放入葱段，以紹興酒及薑汁塗勻鴨身及內腔，老抽則塗勻鴨身。
4. 燒熱鑊下 2 湯匙油，把鴨煎至兩面金黃色，用廚房紙抹去表皮上的油。
5. 再燒熱鑊下 2 湯匙油，用中火爆香薑、乾葱頭、蒜頭及紅洋葱。把洋葱炒到軟身，加入陳皮、浸陳皮水、紹興酒、醬汁材料及鴨，鴨背向上。
6. 加入清雞湯及清水浸至差不多蓋過鴨身，留約一吋位，以大火煮滾約 10 分鐘，轉細火加蓋炆煮約 2 小時至鴨變腍。中途必須攪拌及看濃稠度，判斷是否須加水。
7. 把炆好的鴨拆肉後，可配麼麼皮或饅頭，小朋友特別喜愛。

家中宴客

Chapter 7

時令家常大閘蟹宴

Hairy Crab in Season

秋風起，菊黃蟹肥，由挑選到烹調都一絲不苟的蟹迷盛宴。

每逢農曆九月，就是大閘蟹上市的季節，又到各位大閘蟹迷大快朵頤的好時機。我的父母均是蟹癡，小時候家中經常舉行蟹宴，不過我本身對大閘蟹並不太喜愛，特別對滑溜溜的蟹膏更加抗拒，我通常只吃蟹腳，日積月累下讓我變成拆蟹腳的高手。

在家舉辦蟹宴，最重要當然是大閘蟹這主角，正所謂「九月圓臍十月尖，持螯飲酒菊花天」，圓臍是指雌蟹，尖臍則為雄蟹，即是農曆九月要品嚐雌蟹，這時雌蟹滿肚豐腴的膏黃；十月則以雄蟹為主，此時雄蟹肉質肥碩鮮嫩，其蟹膏濃郁。選擇雌蟹還是雄蟹，完全根據個人的口味，宴客前宜問一問客人的喜好而作預備，以免屆時令客人失望。

作為大閘蟹迷，每次或會享用五至六隻蟹，這樣很容易會有飽滯之感，建議可以配上一碗白粥和油條，或是一碗豉油王炒麵，有助消化。像我對大閘蟹沒有特別喜愛的人，每次只是吃蟹腳或蟹鉗，或許仍覺得不夠，這時候我通常會想來一碗生炒糯米飯，再配上一碟清炒蔬菜，這樣就已經很飽足。我覺得一個大閘蟹宴並不需要大量的菜式，有時候只要簡單的幾道小菜作陪襯便已經很足夠。

作為細心的派對統籌者，蟹宴時還要預備薑醋汁、花雕酒及薑茶。薑醋汁是進食大閘蟹的最佳拍檔，只需要將薑剁成好像米粒的大小，然後加入醋和紅糖拌勻便可。至於花雕酒，可在杯內加一粒話梅，比較易入口，女客人亦會喜歡這種帶酸、帶甜、帶酒香的味道。吃過大閘蟹後亦要來一杯薑茶，可以促進胃液分泌，增加腸臟蠕動，減少大閘蟹對腸胃的影響。記得我媽媽每次在大閘蟹宴都會煮薑茶，她習慣加入大量的糖，這其實是非必要的，大閘蟹已經含有很多的糖分，實在不適宜再加重腸胃負擔。薑茶的重點應該是薑，必須使用大量的薑片，再加入少量的紅糖或天然的蜜糖，大約煮十分鐘，便完成這款暖胃散寒的茶飲。

五感 Checklist

味覺：大閘蟹宴

視覺：大閘蟹出生的綠色，蒸熟後變鮮橙色，那是一種視覺的感受。

聽覺：食蟹的清脆聲，夾蟹鉗的聲音 。

嗅覺：食蟹用的薑醋香及薑茶的濃郁薑香

觸覺：食蟹的次序

攝影： Can Wong 黃偉國（HKIPP）& Jeremy Wong 黃浩軍
材料贊助： Alice Lee

菜單

大閘蟹

花雕酒

白粥油條

生炒糯米飯

清炒時蔬

薑茶

如何選擇大閘蟹？

- 留意蟹殼及蟹腳上的毛，蟹毛較多黃色，則表示新鮮且多蟹膏。
- 按一按蟹肚，愈是飽滿代表蟹膏滿滿。
- 用手彈一下蟹的眼睛，活蟹會有反應。

蒸煮大閘蟹

蒸蟹前，先把大閘蟹浸泡在水中約十分鐘，然後以牙刷仔細擦走大閘蟹表面的泥污，留意背部、腹部、嘴部及腳鉗蟹腳的關節位。蒸時把蟹反轉放在鋪了紫蘇葉的碟或蒸籠上，這樣可避免蟹膏漏走。一般六至八両的大閘蟹，蒸煮時間約為二十五分鐘；六両或以下的，蒸約二十分鐘。

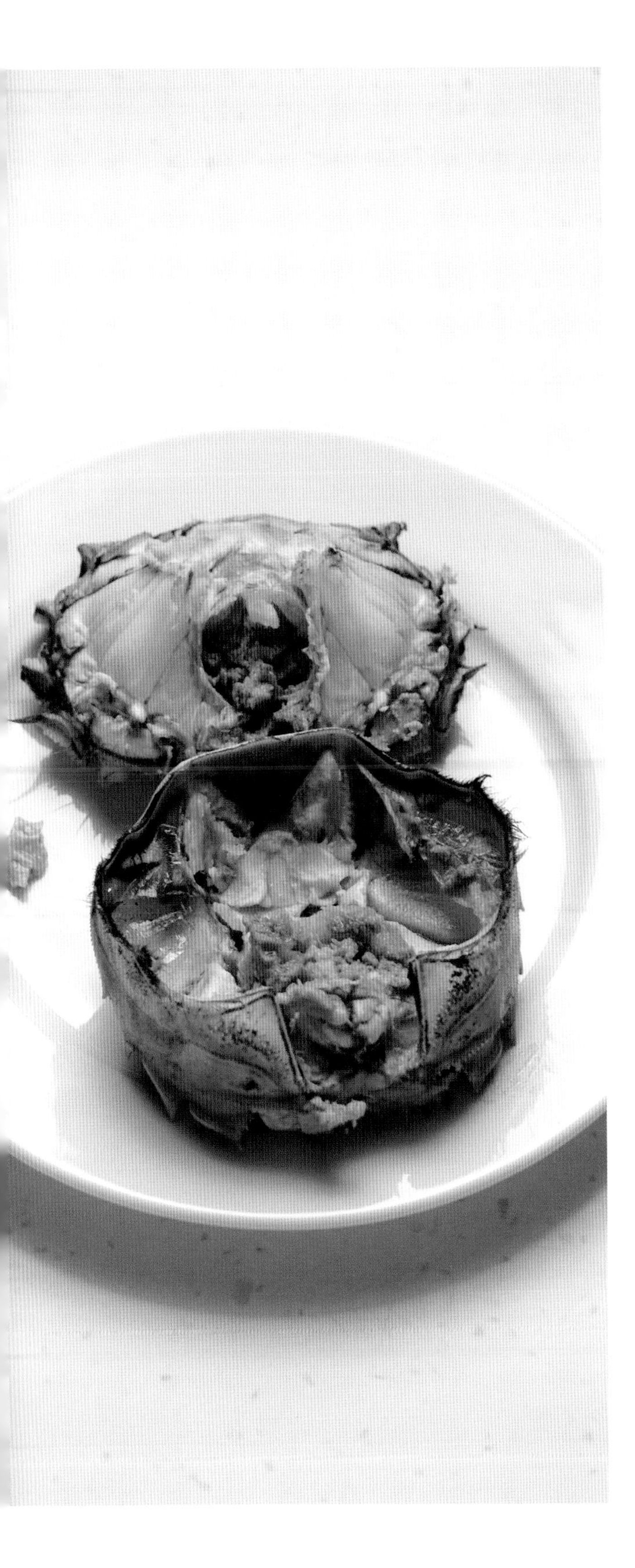

享用大閘蟹

翻開蟹蓋取走腮、胃、腸及心，因為腮有很多寄生蟲；蟹胃會有泥沙；腸則有消化完的食物和糞便；而蟹心則最寒涼。拆開後，用湯匙加點薑醋汁，便可慢慢享用。蟹蓋內最吸引的就是蟹膏，雄蟹蟹膏比較黏嘴；雌蟹蟹膏比較硬挺，質感像肉蟹的肉一樣，不論是哪種蟹的蟹膏，吃得太多易有飽滯之感。

飲食忌諱

進食大閘蟹後，千萬不能吃柿子，因大閘蟹含有豐富蛋白質，柿子則含有鞣質，兩者加起來會造成蛋白質凝固，引起腸道痙攣及食物中毒反應。而海鮮敏感者、孕婦應該避免進食大閘蟹。另外，要留意進食數量，每隻蟹都含脂肪、蛋白質和礦物質，膽固醇高的人應避免進食多於一隻，有血管長期病患的人也應適量進食蟹膏。

食譜分享

生炒臘味糯米飯

要做生炒臘味糯米飯其實不難，只要你有耐性便行。糯米飯如意大利飯一樣，由生米炒至熟透，是一道花時間的功夫菜。炒糯米飯最好用易潔鑊，可以省卻用油量，做出不油膩的糯米飯。另外，怕手力不繼、炒至中途無力的話，亦可以考慮時下的電器產品，我做生炒臘味糯米飯時，往往會用「全能爆炒皇」，可以360°自動旋轉式炒菜，既可省卻人手，又能將醬料、調味料和食材炒得更均勻。

爆炒王贊助：德國寶 German Pool

材料：

糯米 1 公斤
瑤柱 30 克
乾冬菇 50 克
臘腸 2 孖
膶腸 2 孖
臘肉 100 克
蝦乾 30 克
蝦米 10 克
乾葱（剁茸） 2 粒
黃糖 1 茶匙
老抽 1 湯匙
鹽 1 茶匙
油 1 茶匙
花生 少許
葱花 少許

蛋皮材料：

雞蛋 2 隻
鹽 少許
鷹粟粉 1/2 茶匙
紹興酒 1/2 茶匙
水 1 茶匙

小貼士：

用 25℃至 35℃溫水浸冬菇，能使冬菇更容易吸水變軟，能保存其中的鮮味。

做法：

1. 先浸冬菇。把冬菇沖洗後，用 25℃至 35℃溫水浸軟，浸菇水留用。冬菇放在碗內隔水蒸約 15 分鐘，放涼後切細丁備用。
2. 糯米以室溫水浸 45 分鐘後，在水喉下沖去其膠質。盛起後，將糯米以一煲滾水浸泡約 1 分鐘，瀝乾，這樣糯米便不會黏黏的。
3. 瑤柱以室溫水浸 20 分鐘，加入 1 茶匙生油，隔水蒸 20 分鐘。放涼後把瑤柱拆絲備用，浸瑤柱水留用。
4. 煲滾水，放入臘腸、膶腸及臘肉，水滾後計時 1 分鐘，把臘腸、膶腸及臘肉盛起放涼，切丁備用。
5. 蝦乾及蝦米以室溫水浸 15 分鐘至軟身，清除黑色腸臟，切成小丁備用。
6. 製作蛋皮，鷹粟粉及水開成生粉水，放進雞蛋中，並加入鹽、紹興酒打勻，用隔篩過濾蛋汁的泡沫。
7. 在平底鑊輕輕抹上生油，開小火，放入少量蛋汁，慢慢轉動平底鑊，讓蛋汁平均散開成薄蛋片。蓋上蓋，加熱約 30 秒後熄火，用餘溫繼續焗 1 至 2 分鐘至兩邊凝固。盛起並放在廚房紙上吸走多餘水分及油分，放涼後捲起切成蛋絲。
8. 燒熱易潔鑊，以白鑊炒香已蒸過的臘腸、膶腸、臘肉、冬菇、蝦乾、蝦米及乾葱茸，成為料頭。
9. 鑊中下少許油，放糯米，用中慢火把糯米炒至均勻地沾上油分。間中略炒勻後，把糯米鋪平在鑊中，讓其平均受熱。
10. 炒糯米時，中途分多次加入浸瑤柱及冬菇的水炒勻，每次約 1 至 2 湯匙，炒約 35 至 45 分鐘至糯米熟透，加入老抽、鹽、黃糖再炒勻。若中途已用完瑤柱及冬菇水，可以直接加水。
11. 最後加入已爆香的料頭炒勻，下花生、葱花及蛋絲即成。

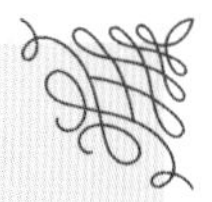

食 譜 分 享

生薑紅糖茶

生薑、紫蘇葉有鎮吐、抗炎作用，亦可促進消化，增加腸臟蠕動，這杯生薑紅糖茶能減少大閘蟹對腸胃的影響。

材料：

生薑 100 克
紅糖 60 克
紫蘇葉 30 克
水 1 公升

做法：

將生薑、紫蘇葉洗淨後，加水煎煮約 15 分鐘，隔渣後加入紅糖，即可飲用。

註：各人體質不同，宜在註冊中醫師指導下使用。

薑醋

吃大閘蟹蘸點薑醋能中和蟹的寒氣，減少油膩感覺，並大大提升鮮味。

材料：

生薑米 100 克
鎮江香醋 200 毫克
紅糖 100 克

做法：

生薑米與鎮江香醋及紅糖一起混和即成。

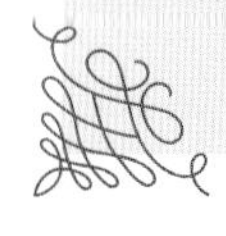

家中宴客

Chapter 8

餐桌禮儀

Dinner Etiquette

帶你認識各種公認的禮貌標準，在餐桌上展示個人修養。

我最愛以中菜形式在家宴客，全因感覺不如西方正式宴會般拘謹，反而能與知己及家人圍在一起談天說地，輕輕鬆鬆度過一晚。作為派對統籌者，無論以中菜還是西菜宴客，宴席的細節都不能忽視，當中最值得注意的是餐具擺位。在餐具擺位方面，中式宴客相對較簡單，放着筷子及匙羹便可；西餐則較為講究，除餐具種類相對地多之外，擺位亦根據不同的宴會形式而有所不同，作為派對統籌者不可掉以輕心。

攝影： Can Wong黃偉國（HKIPP）& Jeremy Wong 黃浩軍
手繪插圖： Shira@Shira Workshop & 陳小楓 及 連漢欽 @ 星域亞洲有限公司

家常晚餐

與家人或親戚一起吃頓便飯而已，餐具擺位毋須太講究，餐叉與餐巾放在餐碟左邊，另一邊則放着餐刀及餐匙，右上角則是酒杯及水杯。菜式數量當然較中菜少，一般只有沙律、麵包、頭盤、熱盤、配菜等，並以大盤大碟形式放於餐桌上，客人把菜式互相傳遞，自行盛起想吃的分量。

非正式晚宴

在家常晚餐及傳統晚宴之間，多數是三五知己的輕鬆晚餐，毋須隆重其事地派送請帖。晚宴的菜式數量比家常晚餐多，每道菜皆以個位奉上，即是一人一份。餐具及酒杯的數量相對地多，右上方擺放着紅酒杯、白酒杯及水杯，餐碟兩旁放着一把餐刀和餐巾外，還有餐叉、餐湯匙各兩把，而中間則放着沙律碟。

正規晚宴

到了正規傳統晚宴，到場賓客一般會收到請帖，而無論是嘉賓座位編排，還是餐具擺放，都有規有矩。先說座位編排，座位以右為尊，通常主人家的右側是身分地位高於自己的人，例如老闆或者長輩等，至於其太太則坐於左邊的最後一位，即是女主人的右側。

餐具及杯子的數量及擺位亦相當講究，桌上擺放着紅酒杯、白酒杯、水杯及茶杯，甜品刀及叉預先放在餐碟的上方，左上方則有麵包碟及麵包刀。此外，上菜時，會在每位客人的左方奉上，吃過的餐碟則於客人的右方收回。

家庭式自助

在西式宴席中，我最愛是以自助餐形式舉辦的家庭宴會，最適合 Baby Shower、生日派對或驚喜派對（Surprise Party）等。這種自助餐形式當然不像餐廳般有多款熱葷、冷盤選擇，所有菜式如麵包、沙律、主菜、配菜等，整齊地在大餐桌上排列着，而且還放有水杯、茶杯、餐具等。這種餐宴方式感覺比家常宴會更輕鬆，男女主人可以穿梭場地招呼客人，而客人毋須坐定定在座位上，氣氛隨便又自在。

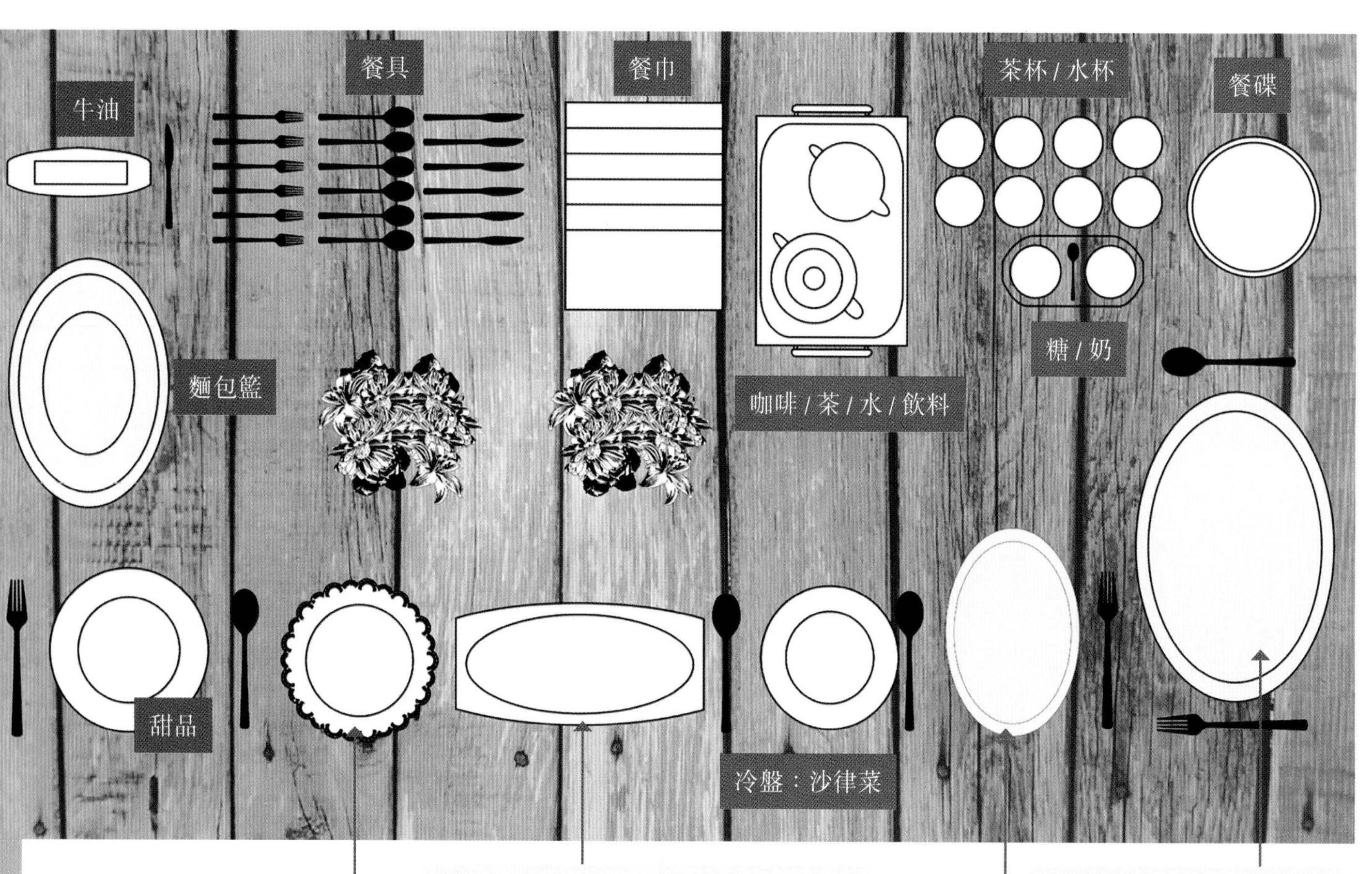

中式家庭式自助餐

在中式宴席中，其實也可採用西式家庭式自助餐模式，菜式不需要按次序上菜，反而先擺放在自助餐桌上，這樣女主人不需頻繁來回廚房安排上菜。使用自助餐桌爐可為食物保溫，賓客也能輕輕鬆鬆按自己的喜好選擇想吃的食物。至於菜式的擺放方式與西式大同小異，各位可因應派對的人數來決定菜單的配搭，記得注意自助餐最重要是保持適當的食物溫度。

美點雙輝或水果：小蛋撻、小煎堆、笑口棗、糯米糍、時令水果等。

甜品：楊枝甘露、酒釀湯圓、紅豆沙、西米露等。

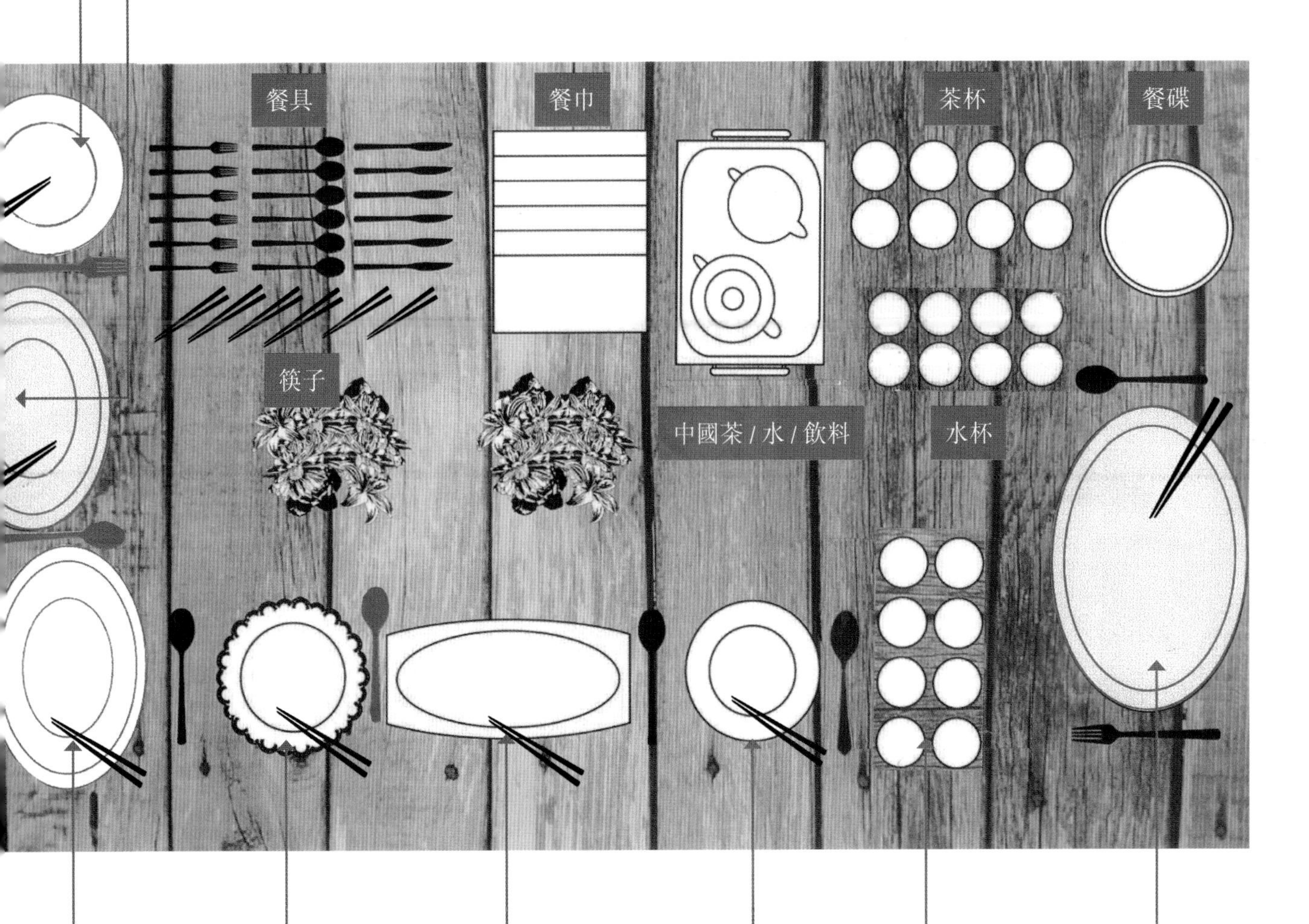

粥粉麵飯：白粥、炒飯、水餃、雲吞、伊麵、湯河等。

蔬菜：砂鍋雜菜、羅漢齋、炒三菇、薑汁芥蘭等。

熱葷：海鮮類如黃金蝦球、酥炸魚塊、香芹帶子、清蒸海上鮮等。

熱葷：肉類如陳皮牛肉、炆元蹄、炸子雞等。

熱湯：原盅燉湯或老火湯

冷盤前菜：雜錦拼盤、燒味拼盤、鹵水鵝拼盤等。

我用家中宴客的做冬菜單來展示這個中式家庭式自助餐的擺位。

認識酒杯

酒杯的種類繁多，最常見的是紅酒杯、白酒杯、香檳杯等，其實還有各適其適的酒杯如麥啤杯、砵酒杯等，就順道為大家介紹一下各款酒杯。

宴會時經常會聽到一句說話：「Please pass the salt.」你以為只是遞上鹽樽，那便大錯特錯，這句說話理論上是胡椒及鹽一齊傳遞的。

刀叉語言

在用餐期間，刀叉的擺放方法可以讓侍應知道客人的用餐態度，而且更隱藏着對菜式的評價。

Basic casual start
開始用餐

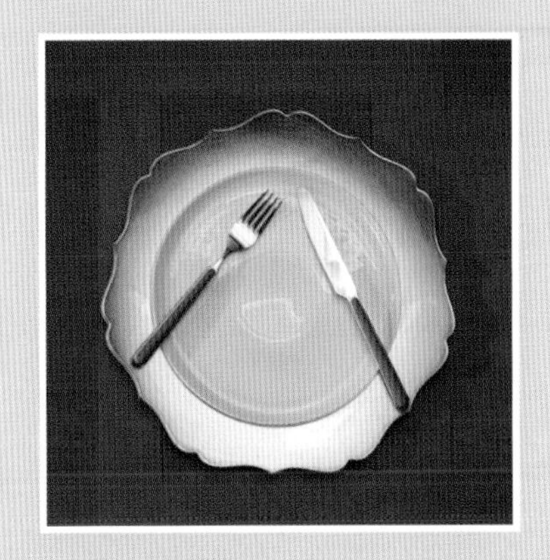

I'm still eating
繼續用餐中

Meal is finished
用餐完畢

Meal is over
用餐完畢

I'm ready for second plate
想享用第二碟

Excellent and tasty meal
美味的餐宴

Don't take my plate
不要收走餐碟

Service is really bad
服務差劣

正規晚宴的座位表

在傳統的正式晚宴上，男主人一般坐在長方桌的一端，這位置普遍稱為主席位，桌的另一端則是女主人的座位。這個座位表一般適用於六位、十位、十四位及十八位客人，記住男女主人永遠是分開坐的。

一般情況下，特邀貴賓的座位應離入口最遠，而位置亦不能有任何障礙物令貴賓難以出入，但這是個人安排，你亦可以親自詢問貴賓會否介意安坐其他位置。如果特邀貴賓是生意拍檔，建議透過秘書向其查詢。

在六人派對中，男主人的座位被稱為「頭位」，是離入口最遠的位置，特邀女貴賓是坐在男主人的右邊。女主人位置則稱為「腳位」，其右側是特邀貴賓，而另一位女客人則坐在男主人的左側，她的丈夫則坐在女主人的左側。如果派對中有超過六位客人，其他客人應該以男女相間地坐。

怎樣為之「重要」？這與不同的情況及文化有關。年齡可能是先決因素，如果場中沒有特別的特邀貴賓，不妨把此位置安排給最年長的客人。另外，若有坐輪椅或行動不便的客人，試試為他們提供住宿或者交通安排，這樣可以令客人覺得更貼心、窩心。

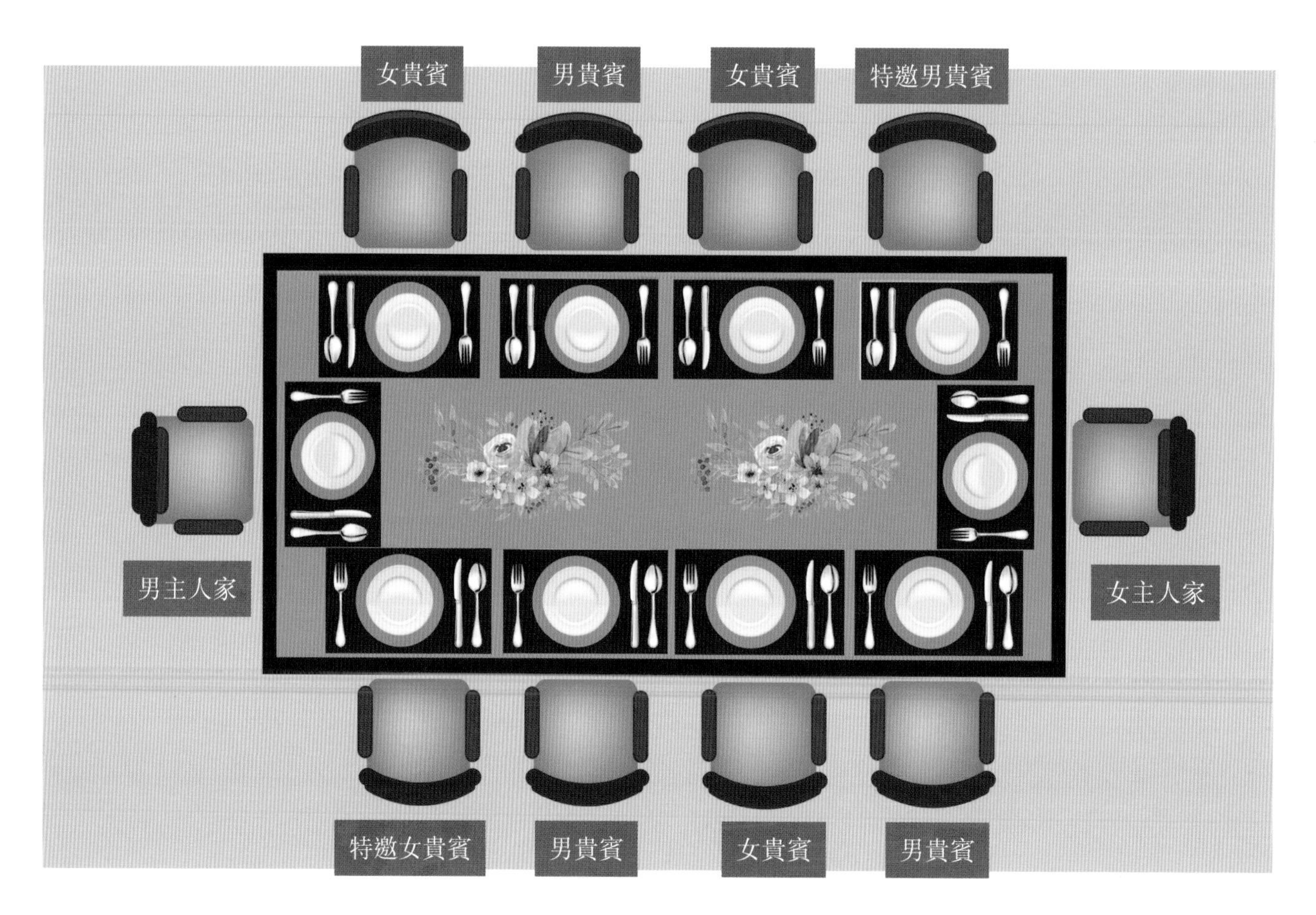

正規晚宴人數以四為倍數

當晚宴人數以四為倍數，如八、十二、十六等，那女主人便不能坐在「腳位」，應向左移坐，並安排特邀男貴賓坐在對着男主人的「腳位」，而這位置則是離入口位最遠的。另外，要記住座位安排必須保持男女客人交替入座的傳統，而夫妻永遠不會坐在彼此旁邊。

若是非正式晚宴，最簡單的座位安排便是男女客人互相交替，男女主人各坐在餐桌的兩端。

「主席位」通常會擺放一張不同的椅子以作區分，例如可以擺放扶手椅，其他的則是普通餐椅，當然你亦可以在「腳位」安排與主席位一樣的特別椅子。為了讓客人清楚知道座位的安排，主人應該在餐桌上放上客人的名卡以茲識別，記住男女主人家的位置是毋須放名卡的。

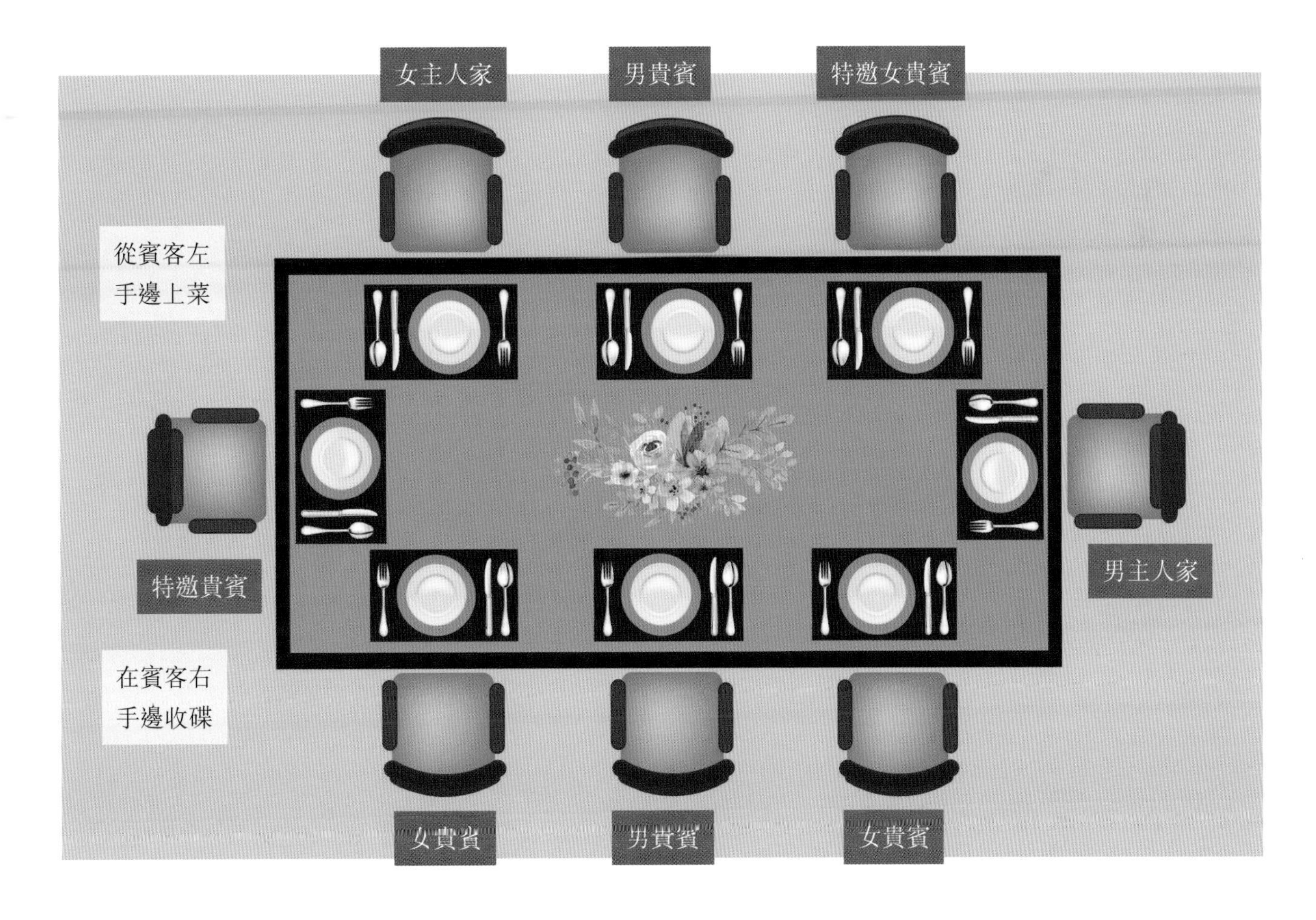

Dinner Etiquette

服務方面

Q 怎樣上菜？

上菜位應該是賓客的左邊，而回收碗碟、餐具等，則應從賓客右側回收。

誰人先上菜？

特邀貴賓應是首位上菜或獲得任何服務的客人，如果沒有特邀貴賓，
不妨先為女士服務， 然後送到右邊的客人。而男女主人則是最後上菜或獲得服務的人。

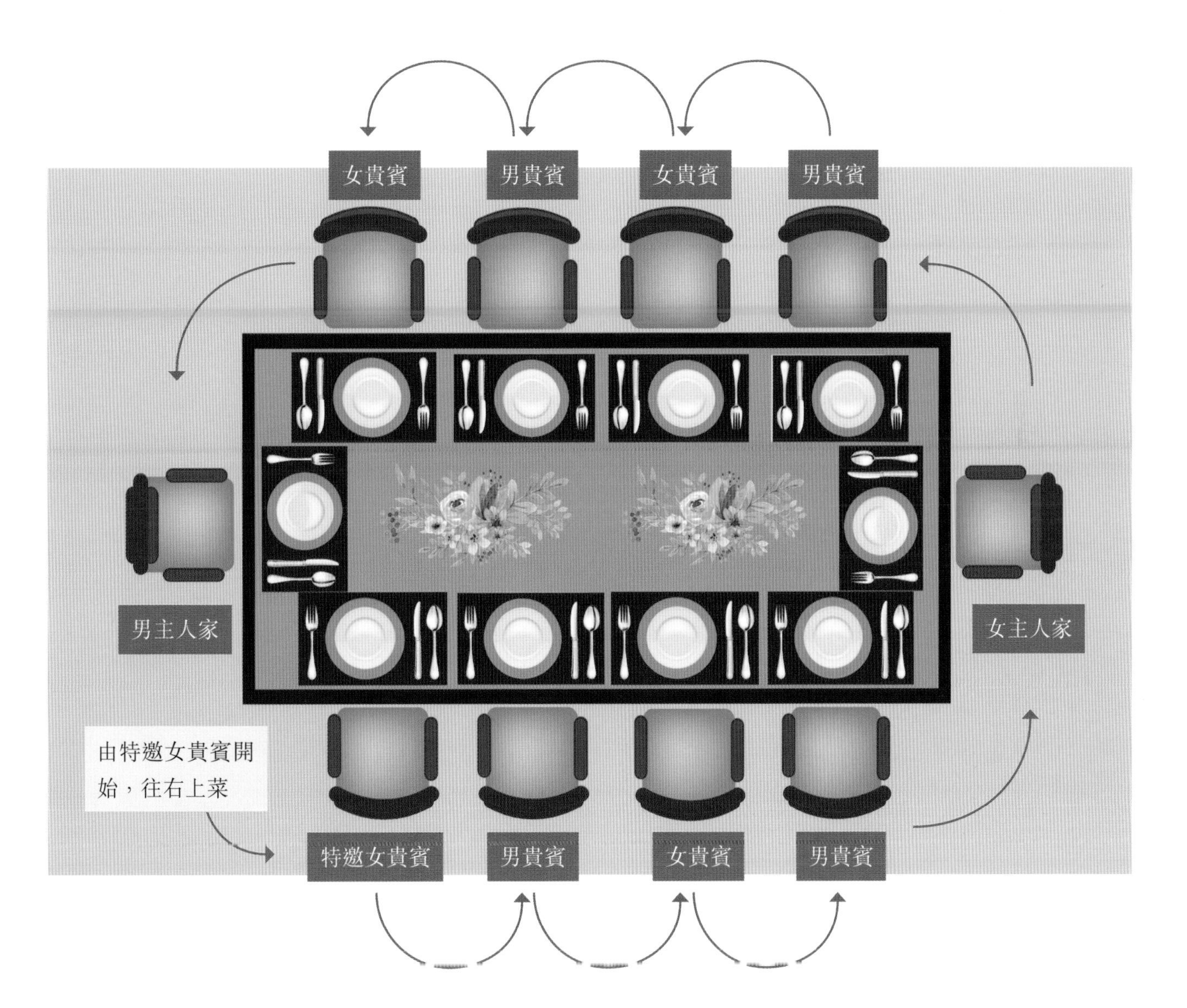

喜慶場合

Chapter 9

生日派對
獨角獸主題及森林主題

Birthday Party
Unicorn & Jungle Theme

夢幻而帶幸福感的獨角獸、貼近大自然和動物的彩色森林，都可以是小朋友們的派對主題。

Paely

女生獨角獸生日派對

虛幻的獨角獸象徵高貴純潔、勇氣及獨一無二，亦因為牠有種夢幻、神秘的感覺，在近幾年間深得少女們的歡心，既有夢幻的感覺，也充滿燦爛和華麗，成為最火紅的女生派對主題！

攝影：Can Wong 黃偉國（HKIPP）& Jeremy Wong 黃浩軍
餐具提供：美事達酒店用品專門店有限公司
食品提供：農嘉鮮（香港）有限公司

要舉辦一個獨角獸主題派對並不難，最主要是用上粉色色調，粉紅、粉紫、粉藍、粉綠、粉黃等等再配上白調，偶然還加上金銀色，浪漫感覺極重。在這次的派對中，用了大大小小的氣球做成大拱門以迎接賓客，還有以木條做成的拍攝專用照相拱門，以及充滿夢幻的配件和裝飾，讓一眾女生可以拍攝美美的照片。

在派對上你還可以配搭各式各樣的獨角獸飾品，如枱布、裝飾、毛公仔，甚至是回禮禮物，更能貫徹整個主題。至於女生生日派對，食物不是重點，宜以小食及甜品為主，而我特別做了色彩繽紛的蛋白脆餅塔、糖果塔、甜點等，一切以賣相吸睛為大前提，完全滿足到少女心。

我估計 2019 至 2020 年的派對主題趨勢，獨角獸可能會放緩，而下個跑出來的便是 Llama 大羊駝（草泥馬）。草泥馬憨態可掬的造型，呆萌可愛的表情，經常好像瞪着眼睛在眺望，只要配上帶灰的莫蘭迪色調佈置，便可作為另一個派對靈感。

五感 Checklist

味覺：多款美味小食，如牛角包、爆谷、朱古力球、彩虹蛋糕棒。
視覺：粉嫩色調的氣球拱橋、夢幻色彩的佈置。
聽覺：大自然的風聲，樹葉飄落的聲音。
嗅覺：大自然的氣息，青草地的味道。
觸覺：繽紛多彩的食物盛載用具，例如蛋糕棒膠托、牛角包的條紋紙托、爆谷的波點紙袋。

D.I.Y.

DIY 獨角獸蛋白脆餅塔

甜甜的蛋白脆餅是女生的至愛，而我更愛把蛋白脆餅做成花形，更能吸引女生的歡心。把大大小小、不同顏色的蛋白脆餅固定在尖錐塔上，再配上獨角獸的角及耳朵，貼合主題外，效果還美得令人譁然。

材料：

蛋白霜 適量
各款蛋白脆餅（可以用多種顏色）適量
翻糖製獨角獸耳朵及角

工具：

尖錐形發泡膠（按你需要選擇大小）
吸塑（可用保鮮紙）
吹風槍
碎冰錐

做法：

1. 在錐形發泡膠外圍包上吸塑，用吹風槍輕吹，直至吸塑貼着發泡膠。
2. 在蛋白脆餅的底部塗上一點蛋白霜，然後黏貼在錐形發泡膠上，可按你的設計逐層貼上不同的蛋白脆餅。
3. 在頂部用碎冰錐刺一個洞，左右稍下各刺一個洞，分別插入獨角獸的耳朵及角，馬上完成。

D.I.Y.

DIY 糖果塔

一個蛋白脆餅塔又怎能滿足一眾女生呢？我建議可以用各款糖果、棉花糖等，自己拼合成糖果塔，顏色吸引之餘，又能滿足一眾嗜甜的女生。

材料：

各式糖果（可以選擇多款混合）
蛋白霜

工具：

尖錐形發泡膠（按你需要選擇大小）
吸塑（可用保鮮紙）
吹風槍

做法：

1. 在錐形發泡膠上包上吸塑，用吹風槍輕吹，直至吸塑完全貼着發泡膠。
2. 將喜歡的糖果塗抹一點蛋白霜黏在發泡膠上，可把不同的糖果逐層黏上。蛋白霜在乾透後，會像膠水般把糖果固定。
3. 可隨意加上獨角獸的耳朵及角，這便完成了一個既可食用、又能有裝飾效果的糖果塔。

D.I.Y.

DIY 蛋糕裝飾

在生日派對中，主題蛋糕是絕對不可少的，我建議除了主題蛋糕外，不妨在坊間買一些純味的忌廉蛋糕或朱古力蛋糕，然後以翻糖皮做一些小裝飾點綴蛋糕，簡單又有驚喜。

材料：

翻糖皮（選擇你喜歡的顏色）
泰勒粉
水

工具：

鐵線（可以使用有顏色的）
鐵線剪刀
玻璃棒（可以用筆）
膠水（可用熱熔膠）
小棍子

做法：

1. 先做氣球，將泰勒粉揉入翻糖皮至均勻，製成質地比較挺的翻糖膏。
2. 把翻糖膏搓成不同大小的水滴形狀，尾端可以稍微圓一點，略吹乾。
3. 將鐵線修剪成不同長度，用玻璃棒或筆繞成圈，做出你想要的設計。
4. 將鐵線插入吹乾至硬挺的氣球底部，用膠水或熱熔膠黏實鐵線，即成可愛的氣球。
5. 至於雲朵，則同樣將泰勒粉揉入翻糖皮至均勻，並搓成多個大中小的圓球，並用水或膠水把球體連接成你喜歡的雲朵樣子。
6. 待雲朵稍微吹乾至硬挺，在背部用膠水黏上小棍子，雲朵裝飾便完成。
7. 最後把雲朵及氣球裝飾插在蛋糕上即可。

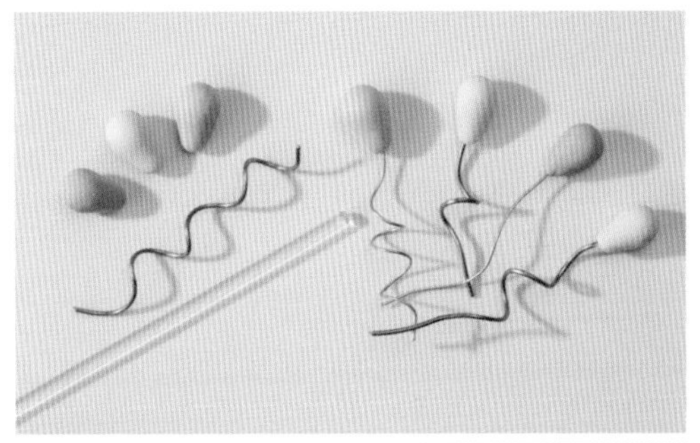

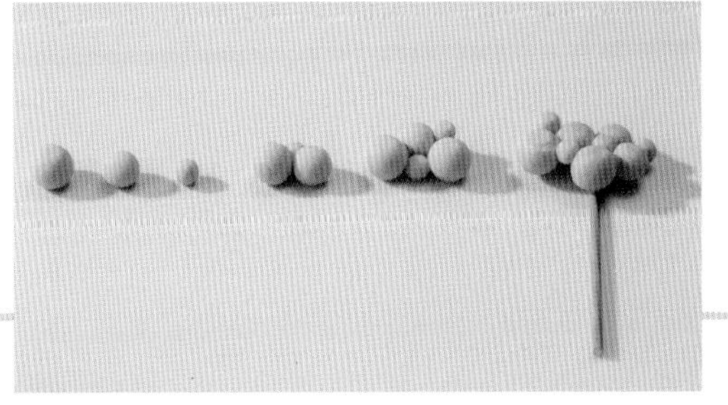

D.I.Y.

DIY 獨角獸頭飾

小孩的派對最重要是滿 Fun，不妨開設一些簡單的 DIY 工作坊讓小孩自製小飾品。以獨角獸主題為例，可以做一個顏色繽紛的頭飾，讓小朋友做完後，可以戴着參加派對，氣氛會更融洽。這個頭飾做法簡單，不妨上網找尋獨角獸的耳朵及角的圖樣，下載後打印便可。

材料：

獨角獸耳朵紙模
獨角獸的角紙模
膠頭箍
彩色紙花球拉花折紙（大小各一）

工具：

膠水
熱熔膠槍
熱熔膠
短繩（可用橡皮圈代替）

做法：

1. 用短繩或橡皮圈分別把大小折紙中間綁好。
2. 把折紙逐層打開，直至成為一朵花形狀。
3. 將小花用膠水固定在大花上，在頂部黏上獨角獸的耳朵及角。
4. 用熱熔膠槍將膠頭箍固定在大花底部，即成為獨角獸頭飾。

D.I.Y.

DIY 獨角獸拱門

佈置是孩子派對中最重要的一環，我最愛親手做個拱門給孩子們拍照留念。這拱門有很高的靈活性，你只需要稍微更換一些裝飾，便可變成另一個主題的拍照拱門，例如只要將小鞦韆移去右邊，下面換上其他公仔，便可成為一個新的拱門設計。

材料：

木條（170 厘米長 ×2 厘米厚） 4 條
圓木棍（120 厘米長 ×1.5 厘米厚） 2 條
螺絲 4 顆
繩子 2 條

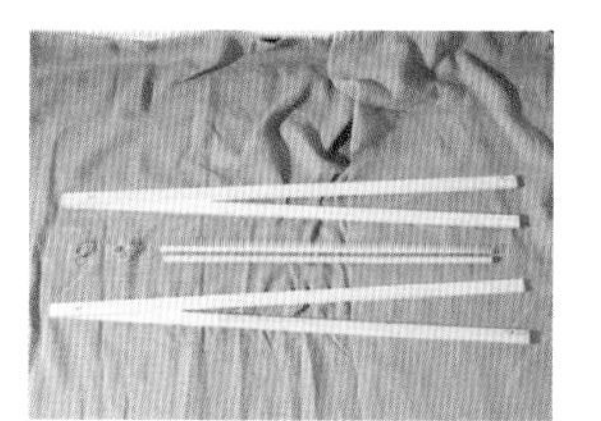

工具：

螺絲批

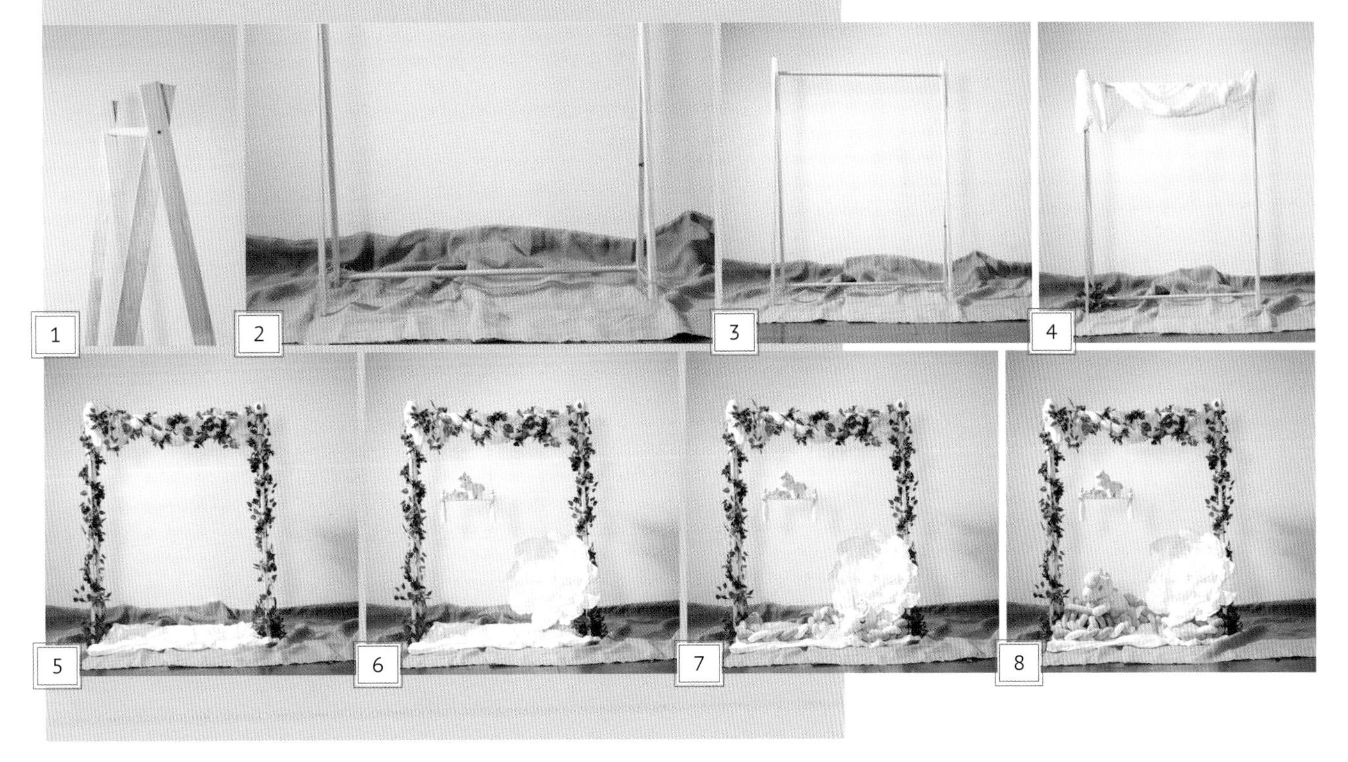

做法：

1. 在木條頂部近 3 厘米位置鑽出小洞。把兩條木條用螺絲固定，成為倒 V 字形，並把圓木棍固定在上端；另外兩條木條同樣用螺絲固定，並固定在同一條圓木棍的另一端，成為拱門的頂部。
2. 在內側的兩條木條底部近 3 厘米位置鑽出小洞，以螺絲把圓木棍固定在兩端，成為拱門底部。另外，用繩子捆綁前後的木條，將兩邊的闊度控制在大約一呎，避免不小心碰撞時，拱門便會倒下。
3. 拱門初步完成，接着便是裝飾拱門。
4. 在拱門上面捲一塊白布，遮掩頭尾的木條與木棍連接位，下面的連接位可用塑膠葉子遮掩。
5. 在白布上捲上塑膠花及葉子，捲至兩側的木棍，拱門底下可再鋪上一塊白布，這樣便可在上面放置其他裝飾。
6. 在拱門左側掛上小鞦韆，上面可放公仔及小飾品，下面放　朵全人手製作的紙玫瑰，襯托拱門上的花草。
7. 拱門下面放置獨角獸主題的大小公仔，以及同色系的抱枕。可調整公仔的位置以取得不同的拍攝效果，也可加入其他粉嫩顏色的抱枕，這就完成一個以獨角獸為主題的拱門了。

Birthday Party

森林中的男生派對

小朋友的生日派對其實可以挑選很多不同的主題，女生當然以公主、獨角獸為主，男孩方面，我覺得充滿活力的森林會是一個不錯的選擇。派對的所有佈置及物品都盡量加入動物及叢林元素，例如有很多動物造型的毛公仔、桌子上的葉子串、飲管上的葉子裝飾、動物造型糖皮蛋糕、木頭裝飾、彩色氣球拱門等，全都讓這個派對生色不少，尤其派對安排在被陽光與樹木圍繞的大草地舉行，聞着風吹的青草味道，絕對有讓大家置身森林原野的感覺。

五感 Checklist

味覺：各式甜鹹點

視覺：利用綠色的草做背景，掛上動物公仔

聽覺：大自然的聲音、鳥鳴、風聲

嗅覺：草地的味道、食物的香氣（特別是格仔餅的雲呢拿香氣）

觸覺：柔軟的青草地、軟綿綿的毛公仔、一串串的冬甩、箭頭造型的棉花糖

Checkpoint 1

木餐車放水果

在木餐車上放着水果及蔬果供賓客食用，像是從森林裏摘下來一樣，感覺健康，而蔬果的色彩繽紛，更豐富了整體的視覺效果。

Checkpoint 2

木塊上的美食

在木紋碟上放着小食，可以是以紅綠為主調的意式香烤麵包片，亦可以是綴以橙綠色朱古力醬的雲呢拿味格仔餅。

Checkpoint 3

啡調冬甩棒

為方便進食的獨立包裝冬甩棒，有檸檬朱古力、白朱古力、香橙朱古力及焦糖味可供選擇。

Checkpoint 4

箭頭棉花糖

用透明啷花包裝着的彩色棉花糖棒，像極了一支支箭頭，切合森林的主題。

Checkpoint 5

森林山坡蛋糕

特別設計的斜切兩層蛋糕，用了橙色和綠色的翻糖皮做底，上面有動物造型的翻糖公仔和樹葉裝飾，還有派對主人的名字，整個蛋糕都充滿森林氣氛。

Checkpoint 6

氣球拱門

氣球拱門用了派對的主色——橙色、綠色和黃色，而拱門兩側則是以動物為主題的照相亭。

D.I.Y.

DIY 派對用品

動物紋爆谷紙杯

這次是森林主題的派對，我便選用了彩色的動物紋圖案紙，捲成尖錐杯狀，用來盛載爆谷，帶出一種奇幻多彩和狂野的感覺。這些圖案都可以用一般圖案紋手工紙捲成，或在網上搜尋心水圖案而自行調整大小及改變顏色，自己設計一個獨一無二的爆谷紙杯。若你想做獨角獸主題的話，可以用比較粉嫩而夢幻的粉彩色系。

熱帶風情水杯

充滿夏日感覺的水杯可以當成派對回禮禮物送給賓客，不妨讓小客人在派對上用這個杯子享用飲料，然後帶回家作紀念。飲管上有個矽膠模型的裝飾配合杯子，類似的裝飾其實你也可以自己動手做，而且做法非常簡單。

DIY 吸管裝飾

這次是森林主題派對，為了配合樹林的感覺，我選擇用葉子作為裝飾。首先挑選你喜歡的圖案，用 150 克至 180 克左右重的卡紙列印出來。將圖案剪出來，在葉尖位置以打孔機打孔，套在吸管上，便成為充滿森林風味的裝飾。

喜慶場合

Chapter 10

毛孩生日派對

Doggies' Birthday Party

親手製作獨一無二的健康寵物美食，
毛孩也能和主人一起歡度生日。

小時候養了三隻貓兒，牠們相繼離去後，那種傷痛令我決心不會再養寵物。從小到大愛貓多於愛狗，不過我的妹妹及妹夫卻是百分百的「狗癡」，他們在西貢的村屋內飼養了十一隻毛孩，由於數量太多，我完全記不住牠們的名字。可能因為我妹妹的關係，我女兒也很喜愛小狗，為了達成養小狗的心願，她曾經苦苦哀求了一年多，我還是決定不飼養。有次被妹妹邀請到九龍某間寵物店，在那裏看到三隻小狗，以為女兒與小狗玩過後，就會忘得一乾二淨。怎料她竟然把家中所有利是錢集合起來，帶到寵物店，結果爸爸還是心軟地讓她買下這隻只有八周大的長毛芝娃娃——肉桂。

六個月後，因怕肉桂寂寞，我們領養了一隻四歲的松鼠狗及一歲的比熊，從此家中多了三位成員，更成為我們家的寶貝。

肉桂一歲生日時，我們決定為牠開個小型派對，做生日蛋糕及健康小吃，也趁此機會與家人聚聚。主題當然是我的最愛——閃耀 Bling Bling。

五感 Checklist

味覺： 一種是來自毛孩食物的番薯及香蕉甜香；另一種是客人所吃的小食。

視覺： 來自大自然的綠色，閃耀的擺設及不同造型的狗氣球。

聽覺： 來自大自然的風聲及毛孩的吠聲

嗅覺： 來自草地及特別為毛孩做的健康香蕉蛋糕的香氣

觸覺： 有堅硬的番薯條、軟身的南瓜條及鬆脆的狗餅

攝影：Can Wong 黃偉國（HKIPP）& Jeremy Wong 黃浩軍
食物提供：農嘉鮮（香港）有限公司

食譜分享

狗狗蛋糕

慶祝狗狗的生日，當然要有生日蛋糕，這個蛋糕用上番薯蓉，每口蛋糕也帶着甜香，而糖霜則用上香蕉、乳酪、無鹽牛油等，健康又美味。

材料：

麵粉 280 克
無鹽牛油 60 克
梳打粉 1/4 茶匙
粟米油 30 克
雞蛋 2 隻
番薯蓉 200 克

糖霜材料：

香蕉 2 隻
無糖乳酪 250 克
無鹽牛油 30 克
麵粉 50 克

做法：

1. 把麵粉及梳打粉混合過篩三次。
2. 在另一隻碗中，把無鹽牛油、粟米油及雞蛋拌勻，加入番薯蓉成番薯混合物。
3. 將麵粉等分三次，加入番薯混合物中，倒入蛋糕盆內。
4. 放入預熱至 180℃的焗爐中，焗 25 分鐘，放涼。
5. 把糖霜材料以手打攪拌機攪勻，最後塗抹在蛋糕上即可。

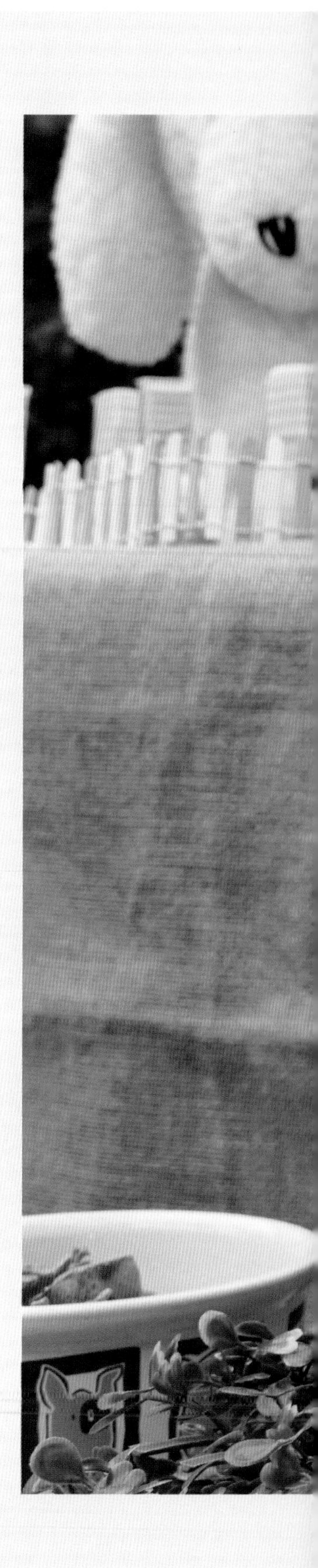

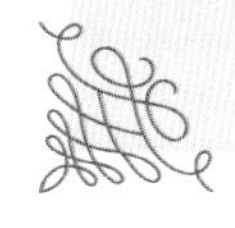

Happy Birthday

食譜分享

DIY 花生醬枸杞餅乾

狗狗也可以吃得健康！這款狗餅乾是我的朋友 Joanne 的獨門配方，這配方也是我的最愛，每次在烹調此曲奇時，我總忍不住偷吃，這配方絕對是人狗皆宜的。

材料（兩碗分量）：

有機花生醬 250 克
枸杞（浸泡後打碎） 50 克
燕麥片（用 120 毫升熱水浸泡） 50 克
植物油 1 湯匙
蜜糖 2 湯匙
未漂白的麵粉 120 克
小麥麵粉 80 克

做法：

1. 將有機花生醬、打碎後的枸杞、浸泡過的傳統燕麥片、植物油及蜜糖攪拌至融合。
2. 將未漂白的麵粉及小麥麵粉混合後過篩。
3. 將麵粉混合物逐少加入花生醬混合物中，攪拌成麵糰。
4. 將麵糰擀至大約 7 至 8 毫米的薄片，用餅模印出骨頭形狀。
5. 把餅放入預熱至 160 ℃ 的焗爐中，焗 20 至 25 分鐘即可。

食譜分享

風乾羊柳肉

不少人會為愛犬自家製小食，當中風乾肉相信最為普遍，究竟用什麼肉類來做風乾肉呢？今次我便用上羊柳做成風乾肉，另外我還會用上肉質較瘦的澳洲草飼牛冧肉，以及袋鼠肉、鹿肉和兔肉。

材料：

急凍羊柳條 1 公斤

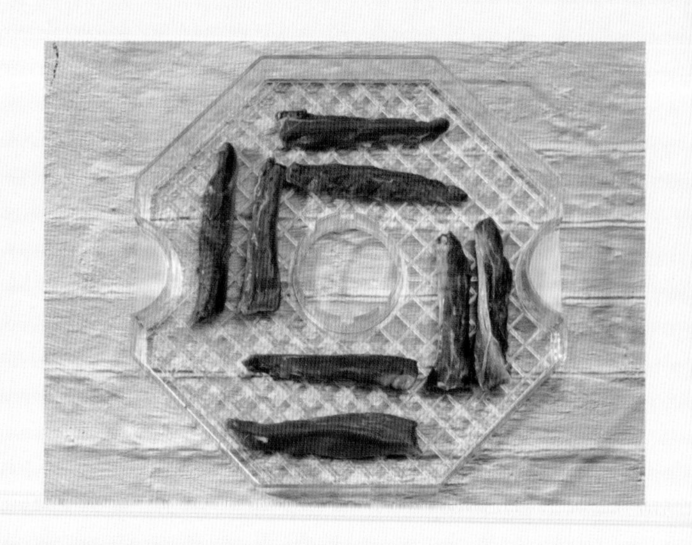

工具：

風乾機 1 部

做法：

1. 把羊柳條解凍，清洗乾淨，切去多餘的肥膏，切成長段。
2. 在風乾機底盤平均鋪上羊柳條，用約 70℃熱風，風乾約 8 小時即成。

除風乾肉類外，還可以做風乾意大利青瓜、番薯、南瓜、紅蘿蔔或薯仔片，放入風乾機內約四小時，便成為健康有營養的蔬果小吃。

Omega-6 與 Omega-3 的平衡

早陣子我的比熊犬皮膚出現了傷口，身體經常痕癢，於是帶牠看獸醫，發覺原來牠對雞肉敏感。我的好朋友 Joanne 是一位註冊營養師，亦曾與我開設自家製的寵物零食店，她對毛孩所需的營養十分熟悉，原來炎症是與 Omega-6 和 Omega-3 之間不平衡有關，若長期處於這狀況，將引發出皮膚問題、關節炎等健康問題。

簡單地說，Omega-6 和 Omega-3 是脂肪的類型，前者包括 Linoleic Acid and Arachidonic Acid（亞油酸和花生四烯酸）；後者包括 Alpha-linolenic Acid（α-亞麻酸）、Eicosapentaenoic Acid（EPA）（二十碳五烯酸（EPA））和 Docosahexaenoic Acid（DHA）（二十二碳六烯酸（DHA））。兩者都有控制荷爾蒙能力，Omega-6 產生的荷爾蒙會導致炎症，這是免疫系統反應需要的重要組成部分；Omega-3 脂肪酸產生的荷爾蒙便控制着免疫系統，有助降低炎症，兩者的平衡是整個免疫系統的重要組成部分，最理想的 Omega-6 與 Omega-3 比例為 1：4 或更低。

餵飼雞肉或豬肉會令 Omega-6 處於過高水平，從而引起體內炎症，如果吸收太多 Omega-3 便會出現免疫功能障礙。若你的毛孩是吃市面上的狗糧，那麼它可能含有過多的促炎性 Omega-6，容易患上慢性病。Joanne 建議可以餵飼魚、大麻籽油來幫助平衡脂肪中的 Omega-3。

Tips 1：可用鯖魚、沙丁魚和鳳尾魚等，每 500 克牛肉加 30 至 40 克魚，每 500 克雞則加上 120 克魚。
Tips 2：每 500 克的牛肉加上 2 至 3 茶匙大麻籽油。

喜慶場合

Chapter II

完美婚禮

The Perfect Wedding

教你親自策劃一生人最重要的大事，給自己與摯愛終身難忘的回憶。

每對新人也希望擁有一場夢幻而完美的婚禮，而現今愈來愈多年輕人會選擇親自籌劃自己的婚禮，為自己製造一個難忘的回憶。在籌備過程中，大家都全力以赴發揮自己的創意，雖然辛苦，但也會覺得很幸福和快樂。很多新人對自己的婚禮都有很多想法，但不知道如何付諸實行，這是我用了很長時間來準備的婚禮策劃表，希望能夠幫助大家清晰而有效率地做好婚禮的準備工作。

攝影：Can Wong 黃偉國（HKIPP）& Jeremy Wong 黃浩軍 及 atta@dmbproductions

這個策劃表的特別之處，是我先以「賓客名單」作為起點，通常都需要對婚禮有個財政預算，然後才可決定接下來要如何進行。循着這個預算去預備請多少賓客、婚宴場地選址、買或租婚紗、選擇婚宴菜式、結婚蛋糕、邀請攝影師及錄影師、婚禮主持等。因此我覺得決定賓客人數應該是第一步，明確知道自己打算邀請多少客人，接着就制定一個比較接近現實的預算案。當你決定好賓客名單，就可以開始按人數選擇婚宴場地。如你對賓客人數沒有太大考慮，可以直接跳到執行列表的第三項開始。

1. 賓客名單

- 名單要有賓客的全名、地址、電話、電郵、邀請人數等資料。
- 賓客人數絕對影響你婚禮的場地，在本地宴請賓客或到海外舉行婚宴均會影響來賓的人數。
- 宴請賓客的數目會佔用很大比例的財政預算，因你未必能把收到的禮金完全補貼婚宴餐飲及其他項目的支出。
- 證婚儀式的嘉賓及晚宴的嘉賓須明確分清楚，傳統的做法是見證婚禮儀式的賓客之後會參加晚宴。倘若晚宴的賓客超出你的預算，可以在證婚儀式後舉行一個比較小型的酒會，宴請未能獲邀參加晚宴的來賓。預算當然相對需要增加，但比舉辦更大型的晚宴來得輕鬆。
- 香港傳統婚宴是由男方負責付款，很多時候在籌備婚禮期間，首先出現分歧的便是賓客名單。我衷心希望大家能好好商量並取得共識，有需要可先分析宴請某賓客的原因。

2. 婚禮預算

盡量將一個婚禮預算需要囊括的項目列舉出來，我會把預算表分門別類，如餐飲宴席、禮服飾物、場地佈置、蜜月之旅、花材、攝影師、回禮禮物、邀請卡等印刷品，還有如修甲、化妝梳頭等雜項開支。而類別之中可再列明細項，方便作預算。

3. 執行列表

- 統籌一個婚宴，涉及的商戶相當多，宜給自己足夠時間，了解清楚每個商戶能給予你的商品及服務保證才可簽約。若有朋友的介紹，亦能幫你省下不少時間。
- 設計一個婚宴網頁能夠拉近你與賓客的距離，可以在網頁內寫一個網誌，把心路歷程寫下，作為紀錄，也可日後回憶。在網頁內也可以放上一份婚禮禮物登記表（Wedding Registry），避免賓客選購重複的禮物，也能讓他們知道你心儀的禮品。

4. 婚宴場地

- 結婚是人生大事，當然要選擇一個好日子來進行，而好日子當然是婚宴擺酒的黃金檔期，故必須及早選好婚宴場地，最好預一年時間作預訂。
- 預訂酒席時，必須實地觀察場地，看看地方是否足夠，雙方必須協定擺酒的廳房，以免日後有所爭拗。
- 菜單要清晰，務必事先研究清楚，以免產生誤會，例如乳豬全體和乳豬件有很大的分別。
- 席數最好有彈性，訂酒席預多好過預少，若突然需要再邀請來賓，可在每席適當增加一至兩個座位。當然不能加得太多，否則坐得太擠逼，會令賓客們感覺不愉快，所以最好在訂酒席時，先弄清楚能否在婚宴前臨時加一至兩席。
- 訂酒席時記得問清楚是否可以試菜，若是可以的話，記得在婚宴舉辦前三個月要先試菜。
- 問清楚如茶芥、雀局、酒水、粉麵小吃等價錢，還有開瓶費、泊車費，以及小費等的計算方法。

5. 結婚蛋糕

- 結婚蛋糕的趨勢年年變更，但我覺得最重要是選擇一個自己喜歡的蛋糕便可，不需要緊貼潮流。
- 結婚蛋糕不需要太大或太多層，一般三層便可，可先考慮外觀、視覺效果等。
- 若需要六層或以上的蛋糕，建議選用假蛋糕，在婚宴當晚，蛋糕師會另外為你準備新鮮蛋糕與賓客分享。
- 天氣也是蛋糕製作的考慮元素之一，寒冷天氣可用新鮮忌廉，夏天則絕不建議，因溫度太高會令忌廉融化，改用翻糖包裹蛋糕則能保持蛋糕的水分；而戶外及潮濕天氣不宜用翻糖蛋糕，因冷藏後回溫會影響質感，冷氣會場會比較適合。
- 建議為賓客安排甜品桌，可設計迷你款的結婚蛋糕，讓賓客取回作紀念。
- 口味建議用最普通的如朱古力、紅絲絨蛋糕、檸檬、牛油蛋糕等，不宜用薰衣草、玫瑰等濃味的花香蛋糕。
- 結婚蛋糕的外觀設計大多數以花為主題，比較受歡迎的有牡丹、玫瑰、蘭花、茶花及繡球花等。當然還有無數其他的要求，例如玻璃彩繪、中式風格、童話風格等，各適其適。
- 可把心儀的結婚蛋糕圖片帶給蛋糕設計師作參考，另外，會場佈置選擇如鮮花、氣球等主題，或者婚紗，也可以是蛋糕設計師的靈感來源。

這是一個特別訂製用來求婚的蛋糕，我用了華麗而充滿魅力的孔雀為設計概念，中間藏了一隻精美的求婚戒指。

這是給我表妹 Petra & Zen 做的結婚蛋糕，他們極喜愛此蛋糕，更形容其為充滿愛、親情與創意的傑作。

Exceeding all expectations.
It's more than anything we ever dreamed of.
A true masterpiece filled with love, passion and creativity.
- Petra & Zen

6. 花材

- 可把心儀的鮮花設計給花店參考，約見花店前亦請準備好你的婚紗照及伴娘裙照，這樣花店才能提供更準確的建議。
- 現在很多花朵四季都有供應，但最好問清楚花店，你結婚的月份有哪些鮮花當造，哪些花的保質期比較長，聆聽花店的建議很重要。
- 如果你想自行製作婚禮用花，必須確保在婚宴前最少七日準備好，因為要先用三日時間將花上水，然後需要修剪枯葉，接下來還要再用水養最少兩日，期間不能接觸陽光，宜放置於有冷氣的地方。
- 用大量鮮花造出一片花海能帶來很好的視覺效果，但適當混合絲花也可以營造出壯觀的效果，秘訣是花海的底層用上絲花，頂層才用新鮮的花，這樣看起來也有很豐富的花海效果。

7. 攝影師及錄影師

- 先決定你的婚禮會在本地舉行，還是會到海外度假結婚。如果你有心儀的攝影師，預算亦沒有上限，不妨帶他們一起到海外進行拍攝，留住美好的回憶。若預算有限，我建議你聯絡當地的酒店，請他們介紹當地的攝影師及錄影師。
- 最好預早六至九個月預約攝影師，但絕對不要盲目地跟從潮流而聘請熱門的攝影師，因為每個攝影師的風格都有不同，請明確地了解你聘請的攝影師，他的拍攝風格是否能被你們所接受。
- 清楚列明需要攝影師的日期、性質及時數，在合約上明確列出，避免以後爭拗。
- 清晰列明交相及交片的時間，也請列明遞交相片及影片的形式。

8. 婚紗及其他禮服

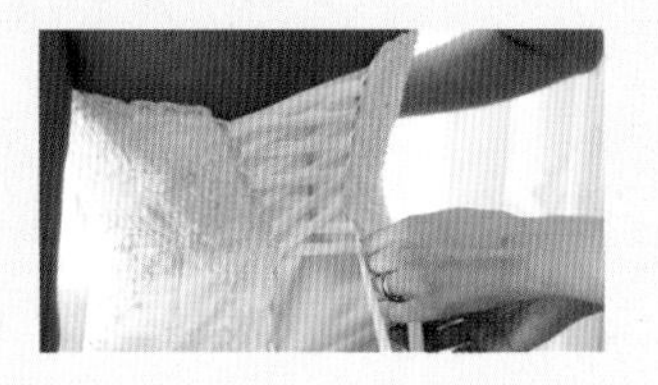

- 選購婚紗前，最好已選定結婚日期及結婚場地，這樣你便能想像穿着婚紗在證婚及晚宴時的情景。
- 除了預留婚紗的預算，記住還有晚裝、裙褂、珠寶首飾及鞋等的預算。
- 如果你選擇租婚紗，宜早點安排，可比較安心。
- 選購婚紗時，建議帶兩三位知己便已足夠，太多的意見反而混亂。
- 最後也是合約的問題，要看清楚所有的條款才可簽署。

9. 請帖及其他印刷品

- 如果往外地結婚，最好在六至八個月前寄「婚禮邀請函」（Save the date）。
- 「喜宴回函卡」（RSVP）萬分緊要，回覆日期最好寫婚禮前一個月的時間，這樣你可花另外七天時間以電話或電郵跟進未有回覆的客人情況。喜宴回函卡記得附上郵票。
- 如聘請西洋或中式書法家為你寫請帖，需要提前最少四個月準備。
- 結婚禮物登記（Wedding Registry）最好放在你們婚禮的網頁上，如果你們不打算做結婚網頁，但有準備結婚禮物登記的話，最好另外列印在一張細卡附上。
- 需要知道賓客人數，才能知道準備多少請帖，我建議在所需數量上大約加兩成，因為萬一數量不足夠，再加印的費用會很大。
- 如果你行教堂婚禮，或者婚禮見證時有一份婚禮儀式流程，最好在五星期前便收集好資料，準備列印。

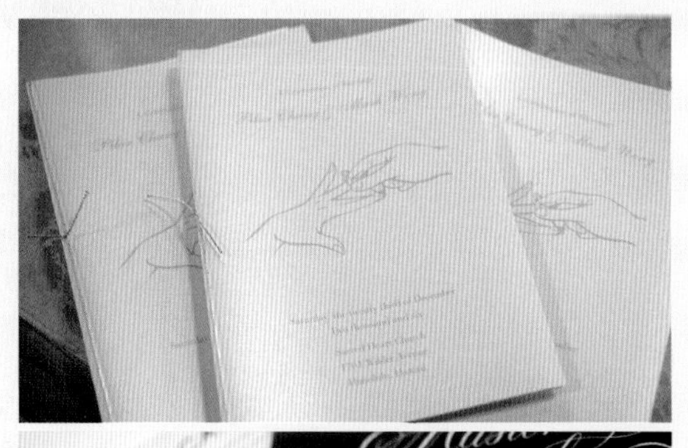

時間許可的話，不妨配合主題自製邀請卡，設計成蛋糕及手袋，極富心思。

10. 化妝及造型

- 新娘化妝一般包括姊妹化妝及髮型、伴娘髮型造型以及一般化妝服務，可把心儀的髮型及化妝記下給化妝師研究。
- 化妝師除了為新娘子化妝外，還需要為母親及伴娘化妝，謹記預留兩小時給新娘子，而其他的每位大約三十至四十五分鐘。如果你決定自己化妝及做髮飾造型，記得婚禮前兩個月便要開始練習。
- 婚禮約六個月前，開始定期到美容院做護膚療程，保持皮膚於最佳狀態。

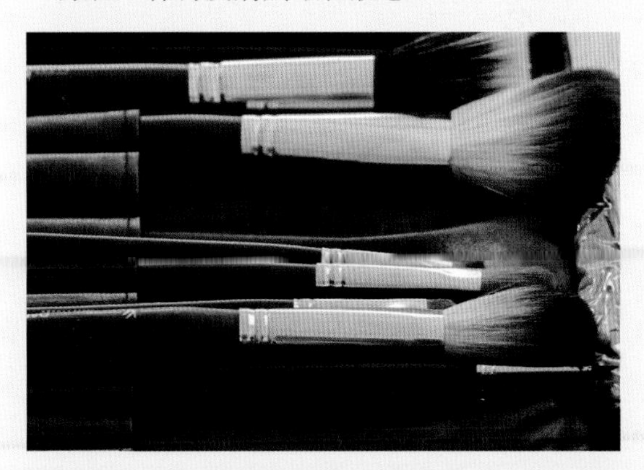

11. 姊妹兄弟協調

- 如果你有婚禮策劃師幫忙，統籌婚禮當日流程當然輕鬆很多。倘若你只是籌備一個比較小型的婚禮，不妨找兄弟姊妹協助你，為你分擔一些瑣碎的事項，如負責聯絡花店、聯絡婚紗店等。
- 若果兄弟姊妹中有口才佳的，或對於帶動婚禮氣氛有興趣的朋友，可考慮邀請他們做當晚的司儀。

12. 中式儀式

我們一般會依足傳統在婚前過大禮、送嫁妝。這些一般在婚前半個月至兩個月內做妥，而所謂過大禮，實際上是男家將禮物送到女家。

其禮品如下：

1. 禮餅：龍鳳餅兩對，禮餅一擔可分四式、六式或八式，全取雙數。
2. 椰子：如父母雙全就用兩對，否則一對。
3. 茶葉、芝麻：喻「茶下子不可移植」，即受茶禮後要守婚約之意。
4. 檳榔：可音喻「新郎」，有白頭偕老之意。
5. 三牲：雞或鵝兩對，兩雄兩雌，父母不健在只需一對（鵝古時用雁，雁是候鳥，守信之故）。又豬肉兩片，豬皮相連，喻家肥屋潤。魚一對，通常用大魚，以其有腥味為有聲有氣。
6. 海味：通常為四式，高檔的話可選用鮑魚、海參、魚翅、魚肚或瑤柱，經濟些則可取魷魚、蝦米、冬菇、蠔豉，豐儉由人，但必須有髮菜，喻發財。
7. 京果：湘蓮、百合、紅棗、圓肉、荔枝乾、花生或合桃，任意選四式。
8. 禮盒：盒內放禮金，還要加放蓮子、百合、青縷、扁柏、檳榔、芝麻、紅豆、綠豆、四京果、紅頭繩、利是金飾等。
9. 其他：煙、酒、水果、龍鳳鐲兩對。

以上禮品需全部成雙，聘禮用五個中式禮盒盛載，還有一盒要內附禮品名單之紅帖，每邊三個成為一擔。

女家收禮，不是全部收下，大概每樣一對或一半退回男家，亦要回禮，名單如下：

1. 子孫桶，即馬桶（現有膠痰罐代替），內放用紅線串之銅錢、扁柏及利是。
2. 碗筷兩份用紅繩縛好。
3. 龍鳳被鋪（牀單、枕袋及被，被袋繡上鴛鴦、雙喜、龍鳳等）。
4. 剪刀、尺、銅盤、鞋、茶具及片糖。
5. 衣服布料：將新衣服放在衣箱中，並以扁柏、蓮子、圓肉、利是等。
6. 金銀首飾：父母餽贈女兒的飾物或珍貴之傳家寶。

13. 回禮小禮物

- 簡單為客人準備糖果桌，讓客人選擇自己喜歡的糖果帶回家作為回禮。糖果桌可以有馬卡龍、曲奇、小蛋糕、堅果等。
- 可以選用一些印有名字的個人化包裝，放入糖果、馬卡龍等，成為有紀念價值的小禮物。
- 小禮物可以是果醬、蜜糖、陳皮檸檬等，最近流行手工皂、潤手霜、潤唇膏等，你亦可考慮送小盆栽或香薰蠟燭，讓人每次看到都會回想起婚禮的美好時刻。
- 現今很多慈善機構都設立「婚宴回禮小禮物捐助計劃」，鼓勵新人將花在回禮禮物的錢捐給慈善機構，而機構收到捐款後，便會印刷數百張心意卡給新人，由新人轉交賓客當作回禮。
- 如果需要安排小禮物送給伴郎伴娘，可考慮耳環、項鏈、袖口鈕、呔夾等，讓他／她們當晚穿戴。

14. 座位表安排

- 安排座位表，我會放到最後才做，因為它是一件讓新人們非常頭痛的事。
- 主家席安排，男家主家席須對正大門或婚宴入口處。正面左方為新娘，依次為大妗姐，伴娘及親友，以親疏長幼為序。正面右方為新郎，伴郎，依次為新翁，新姑及親友長輩。
- 另一枱是女方主家席，正面左為岳母，右為岳父，其次為姊妹及兄弟，親戚朋友，以親疏長幼為序。倘若女主家席的親朋戚友較多，可自行調配，把姊妹及兄弟分到其他席上。

15. 婚禮流程

婚禮流程最重要是對時間的掌握與控制，網上雖然有很多流程可以參考，但資料準確度令人存疑。大家可以參考我以下的流程，內容可能不盡相同，但我想強調的是它的時間安排準確性，我之前說的第一至十四項，都是為了幫助大家循序漸進地計劃這件人生大事。大家可以依照自己的出門時間、晚宴時間而作出修改，場地、敬茶等的程序可以隨意參考。記住婚宴當天伴娘及伴郎需負責留意時間表及人流控制，務求讓流程順利完成。

婚禮流程

4:00	新娘起牀 > 梳洗 > 食早餐
4:30	化妝師及團隊到達女家，派利是給她們
4:30 - 6:30	新娘化妝
5:00	新郎起牀 > 梳洗
5:00 - 5:30	伴娘、姊妹 1 到達及化妝
5:30 - 6:00	姊妹 2 到達及化妝
5:30 - 6:15	新郎、伴郎及兄弟到達集合點及食早餐。
6:00 - 6:30	姊妹 3 到達及化妝 伴娘確認攝影師團隊會準時到達
6:30 - 7:00	新娘媽媽化妝
6:30	攝影師團隊到達女家
6:30	新郎、兄弟到達女家樓下。
6:30 - 7:15	攝影師團隊在樓下拍攝新郎，兄弟。
7:15 - 8:00	攝影師團隊攝影師上樓拍攝 媽媽替新娘穿褂 > 新娘與姊妹 > 新娘派利是
7:15 - 8:00	兄弟佈置花車及等待上樓接新娘
7:30	新娘親戚到達女家
接新娘	
8:00	新郎及兄弟上樓接新娘
8:00 - 8:25	新娘爸爸帶新娘與新郎見面 新郎把手上花球交給新娘
8:30 - 8:50	敬茶及拍攝 敬茶次序由父母開始至長輩
8:50 - 9:00	兄弟姊妹收拾物資放去男家
9:00 - 9:20	出門 > 新娘新郎兄弟姊妹花車前合照 （如有時間）
往男家	
9:20 - 10:10	出發往男家
10:10 - 11:00	到達男家 敬茶及拍攝 敬茶次序由長輩至父母及其他長輩
11:00 - 12:00	出發往晚宴會場
往宴會現場準備敬茶、證婚儀式及晚宴	
12:00	到達晚宴會場
12:00 - 12:30	新娘換婚紗、轉妝。
12:00	新郎換禮服及襟花
12:30 - 13:30	室外攝影
12:30	新郎媽媽、姐姐化妝。
13:30 - 14:00	新娘換褂、褂鞋。 新娘母親補妝
13:30	準備敬茶
13:50	親友到場
敬茶	
14:00 - 15:30	敬茶及拍攝
14:30	敬茶親戚化妝
15:30	新娘換衫、轉妝。 邀請賓客轉到證婚場地

15:45	律師到達、檢查文件及講解流程。
15:55	伴娘請新娘父親準備
證婚儀式	
16:00	證婚儀式
16:15	切蛋糕
16:20 - 17:30	拍攝
16:30 - 17:30	婚禮拱門拍攝
16:30	將接待處移往晚宴場地
17:00	男家長輩補妝
17:15	在晚宴場地準備
17:30	將婚禮拱門移往晚宴場地
17:30	邀請賓客到晚宴場地 新娘及新郎迎賓
17:45	新娘換衫、轉妝。
17:50	新郎換禮服及襟花
18:00	兄弟確認接載巴士到達
婚禮晚宴	
18:15	婚禮司儀介紹新人 播放「成長片段」
18:30	進場 > 切假蛋糕 > 祝酒 > 致辭
18:50	獻花 > 新郎、新娘獻花給新娘母親。 > 新郎、新娘獻花給新郎母親。 (與雙方父母拍照)
19:00	開始用餐
19:15	補敬茶給遲到長輩
20:00	司儀邀請親友上台與新人拍照
20:30	新娘換敬酒晚裝
20:50	早拍晚播
21:00	敬酒 （新郎新娘）
21:30	新娘換送客晚裝
21:40	司儀通知賓客如需協助叫的士， 可通知兄弟協助。
22:00	〈送客〉 司儀宣佈接載巴士到達 邀請賓客前往乘車

此婚禮流程只供參考，請按個人需要作出調整。

特別鳴謝 : Petra & Zen

掃一掃，取得電子版本的婚禮策劃表，包含以上15項籌備婚禮必需事項的規劃表格。

D.I.Y.

蛋糕層層疊

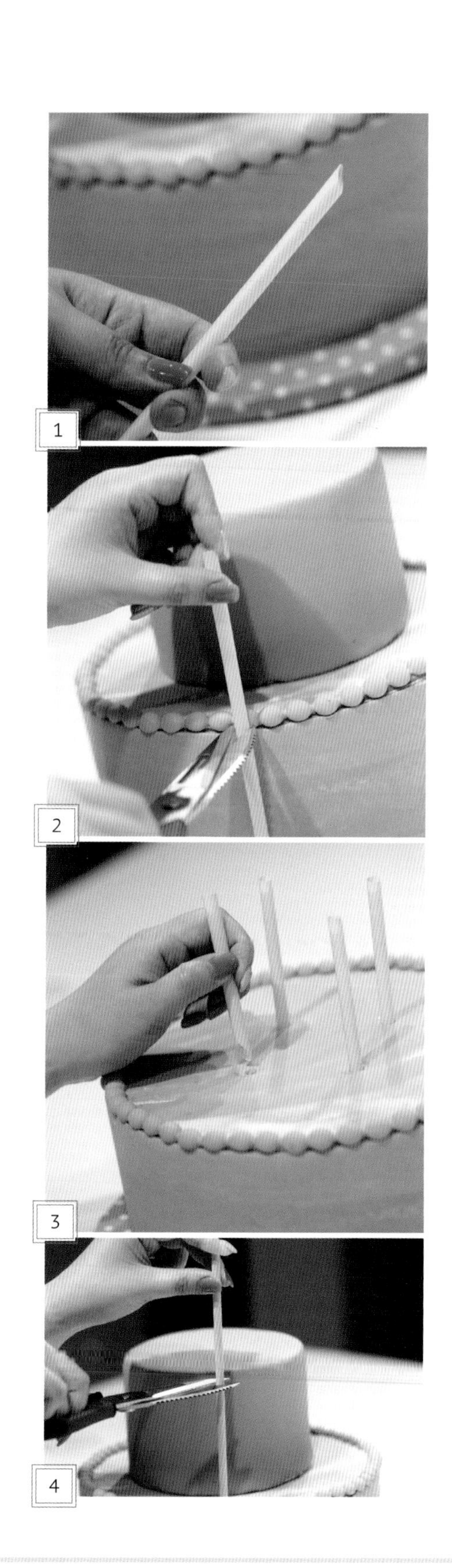

材料：

蛋糕 兩層（或多層蛋糕）
飲管 4 支（每加一層蛋糕便須多 4 支飲管）
長竹籤 1 支

工具：

剪刀

做法：

1. 所有飲管的底部斜剪成尖角。
2. 將飲管剪短至底層蛋糕的高度。
3. 在底層蛋糕的中間，以四方形位置完全插入飲管，以作支撐，放第二層蛋糕時更挺立。
4. 放上第二層蛋糕，把竹籤剪成整個蛋糕的高度，並插在蛋糕中間以作固定。
5. 如果蛋糕高於兩層，第二層同樣插入 4 枝飲管作固定，最後一層才加入竹籤。

DIY 翻糖玫瑰

Gumpaste Rose

翻糖玫瑰是裝飾甜點的最佳配搭，放在蛋糕上增加浪漫及夢幻的氣息，絕對是女生最喜歡的裝飾。

5

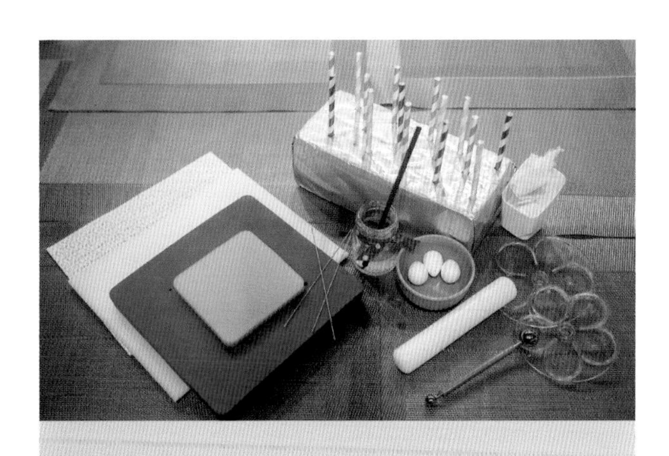

材料：

Gumpaste 翻糖膏
啫喱顏色膏
蛋白
粟粉

工具：

立體玫瑰花切模
花用鐵線（20 號）
水滴形發泡膠球
熱熔槍及熱熔膠
翻糖花不沾板
翻糖花不沾板防滑墊
5 孔海綿捻花墊（5 孔墊）
柔軟翻糖花塑形墊
圓頭不鏽鋼壓花棒
掃
擀麵杖
防粘粉扑
銀粉掃

做法：

1. 將翻糖膏加入啫喱顏色膏，調勻至你心儀的顏色。
2. 加少許熱熔膠在花用鐵線的一端，插入水滴形發泡膠粒，形成花芯。
3. 不沾板上灑少許粟粉以免過黏，用擀麵杖將翻糖膏推平至 2 至 3mm 薄片。
4. 將發泡膠花芯放在切模上核對尺寸， 留意花瓣必須大於花芯。亦要留意模具上有 1、2、3、 4 及 5 的編號，包裹花瓣時須順着次序。
5. 用模具在翻糖片上按壓成三片完整五瓣花。
6. 將其中一塊五瓣花的花瓣逐一切出，把其中一塊橫放在不沾板上， 塗上少許蛋白黏上花芯，頂端用手指擠合成小尖形，做成玫瑰花的花芯。其他花瓣備用。
7. 將第二塊五瓣花瓣放在五孔墊上，用壓花棒把其片邊緣壓薄至波浪形，讓花瓣看起來更立體。
8. 將花芯穿過五瓣花片及 5 孔墊，塗上蛋白固定，而墊的底部要用手固定花芯。
9. 花芯固定後，順着次序把 1 號花瓣塗上蛋白，貼在露出的發泡膠位置，再把 2 號花瓣塗上蛋白，與 1 號花瓣摺合，完成花蕾。
10. 其餘 3、4 及 5 號花瓣依次用蛋白黏上，慢慢做成準備開花的花苞。
11. 把第三塊五瓣花瓣切開一片片，放在 5 孔墊上，先用大頭壓花棒把花瓣片邊緣壓薄至波浪形，再轉用細頭壓花棒做出更細緻的壓邊。將壓好的花瓣放在五隻匙羹上，風乾兼固定約 15 分鐘。

12. 接着便把剛風乾的花瓣逐塊塗上薄薄蛋白，以順時針螺旋式依次序黏上花苞上，做成盛放的玫瑰。這玫瑰體積較小，適合用於杯子蛋糕或比較細小的蛋糕上。
13. 想花朵更大，不妨再加上 7 片花瓣，做成全盛玫瑰。做法如步驟 11，不過今次要把這 7 塊壓好的花瓣反轉，放在柔軟墊上，利用壓花棒，由花瓣的中心位置慢慢向下拉壓，造成一個比較深的弧度。
14. 將壓好的花瓣放在匙羹上，邊緣可以稍微往下垂，略風乾及固定約 15 分鐘。
15. 把 7 片花瓣薄薄塗上蛋白，以順時針螺旋式依次黏在盛放的玫瑰外，不妨在完全乾透前用手調整花瓣的鬈曲形態，令玫瑰變成全盛放狀態。
16. 最後把玫瑰插在蛋糕上，以銀粉筆作粉飾，整個玫瑰裝飾便大功告成。

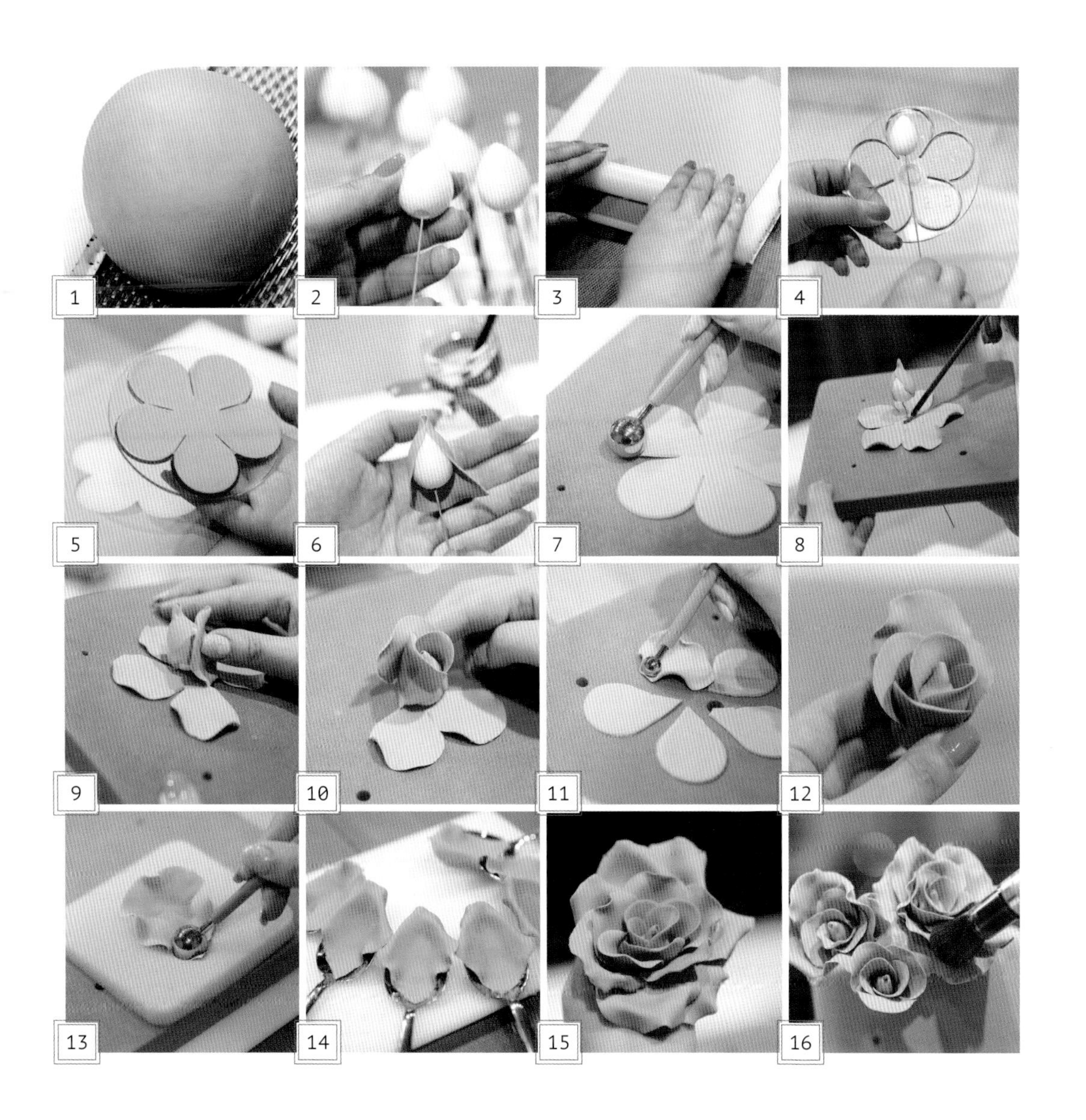

D.I.Y.

自製
水松座位牌

不少人都希望自己的婚禮獨一無二，那不妨花點心思，自製一個以水松木塞做成的座位牌，亦可以作為賓客的回禮禮物，極富心思。

材料：

水松木塞
心形木片（寫上賓客名字）
碎冰錐

做法：

1. 找出水松木塞的中心點，以碎冰錐鑿一個小洞。
2. 把心形木片插進小洞，一放入名牌，即成獨一無二的水松木塞座位牌。
3. 寫上賓客名字。

D.I.Y.

自製
拍照用拱門

以花及葉串作點綴的拱門亦是不錯的拍攝位置，拱門的做法相當簡單，只要用上鐵架及木條，便可做成簡單的拱門，以喜愛的顏色紗布包裹後，再配上花串及葉串作點綴即可。

材料：

鐵架 2 條
木條 1 條
繩 適量
白長紗布 3 塊
葉串 適量
花串 適量

做法：

1. 挑選一個你喜歡的地方作為背景，左右各擺放一個鐵架，在鐵架上橫放一條木條，以繩索固定鐵架及木條，形成拱門。
2. 準備一塊長的薄紗布，捲着整個拱門。
3. 以塑膠葉串捲着整條木條及鐵架。
4. 選擇兩至三款塑膠花串捲着拱門，記住與塑膠葉子相反方向地捲。
5. 在鐵架底部分別捲上白色布，以遮住鐵架，增加美感，並捲着花串及葉串即可。

喜慶場合

Chapter 12

自設糖果桌

Candy Corner

顏色繽紛多彩的糖果與零食，加上你的創意佈置，精美蛋糕甜點與回禮一應俱全。

Cake
Pops
thank you
thank you

在婚禮宴會中，少不了設置糖果桌以招待客人，這個角落看似簡單，其實是極考派對策劃者的心思。以我的經驗，糖果桌必須滿足視覺、觸覺、嗅覺、味覺及聽覺這五感，只要沿用此理論，便能輕鬆設置糖果桌，甚至用於佈置場地、自助餐餐桌等。

攝影：Can Wong 黄偉國（HKIPP）&
Jeremy Wong 黄浩軍 及 atta@dmbproductions

1. 顏色器皿——視覺、觸覺

顏色可以滿足客人的視覺，不妨為派對設定顏色主題，就算單色調也可以顯得醒目而優雅，突顯你的設計。若你想以多種顏色作配搭，我建議選擇同色系，效果會更和諧，如紅色配棕色，或者以深淺不一的同色系作配搭，如紅色和粉紅色，而較淺色的裝飾會為佈置帶來活力。當你將糖果和裝飾保持在同一個色調，甚至與主題相匹配，整個糖果桌看起來會更加時尚，亦令派對的設計更耀眼。

可以使用不同大小的容器來展示你的糖果，如花瓶、藥劑罐這些透明的容器，都很漂亮，能完全展示糖果的鮮艷色彩。此外，還有很多容器可以配合你的派對主題，例如兒童生日派對可用彩色碗或鄉村風格的錫桶。你可發揮創意，在不同地方找尋特別的容器，就像當時我的婚禮，我從當地的舊貨店收集了一系列玻璃花瓶和碗。如果你不需要特別考慮成本，可以在派對商店、工藝品店、百貨商店或者網上尋找各式容器。

建議：藥劑罐、托盤、拼盤、蛋糕架、碗、花瓶、桶、籃子等。

顏色繽紛的鐵罐

彩色蓋子鐵罐

自己裝飾的鐵桶

彩色膠籃子

古董多層木籃子

中式椰子容器

寵物圖案容器（可配合主題派對）

粉色雀籠造型多層蛋糕架

海盜主題多層蛋糕架

杯子蛋糕造型多層蛋糕架

（左）彩色糖果店造型多層蛋糕架
（右）繽紛摩天輪造型甜品架

2. 糖果——視覺、觸覺、嗅覺、味覺

堅硬的棒棒糖、柔軟的棉花糖、煙韌的軟糖……在購買糖果時，選擇有非常多。我的建議是選擇各種口味和類型的零食，還要考慮各種尺寸和形狀，以保持有趣而豐富的觀感。各種不同的零食可以從網站訂購，或從雜貨店、食品專賣店和派對商店購買。零食不僅是糖果，還可以是朱古力、餅乾、爆谷、椒鹽捲餅、蛋糕等等。

建議：柔軟的棉花糖、花生朱古力、彩虹蛋糕棒、迷你朱古力曲奇等。

柔軟的棉花糖

花生朱古力

彩虹蛋糕棒

迷你朱古力曲奇

西瓜造型曲奇（可配合主題派對）

3. 器具——視覺、觸覺、聽覺

器具是一個容易被忽略的元素，每個容器都需要勺子或夾子方便客人舀起或夾起糖果、餅乾等，而你亦可以在器具上包着絲帶以作裝飾，效果更佳。

建議：透明勺、金屬勺、膠勺、鐵夾子、透明塑料夾子等。

木湯匙

小膠勺

鐵夾子

透明勺

大膠勺

透明塑料夾子

4. 禮物袋子和盒子——視覺、觸覺

包裝用品能對糖果桌產生重大影響，我會提供小袋或盒子供客人存取零食，帶回家作為派對的禮物，而你可以選擇與派對色調和主題匹配的顏色和設計。

建議：彩色紙袋、透明硬紗袋、塑料零食袋、鐵罐、小禮品盒等。

顏色小鐵桶

兔子造型小袋

繡花抽繩袋

精美透明封口袋

透明球形膠盒

5. 標籤、貼紙——視覺、觸覺

標籤和貼紙是一些可以提升糖果桌吸引度的小細節，桌上可以放上一些相框，相片內是一些非常可愛的諺語。另外，每個容器上都應該有清晰的標籤，你可以打印卡片標籤，並將它們貼在木條，再貼在糖果容器上。你還可以將黑板類型的標籤剪切到容器邊緣，使用絲帶將標籤繫在容器周圍，或者在每個容器旁邊創建小帳篷標誌。

建議：黑板衣夾、絲帶標籤、棍棒上的標籤等。

透明座枱小膠牌

座枱紙卡

座枱夾牌及小紙牌

印有派對主人名字的絲帶（可用來裝飾標籤）

6. 裝飾品——視覺、觸覺

顏色鮮艷的糖果和容器本身就是裝飾品，但你可能需要添加一些額外的裝飾來完善糖果桌的外觀。背景、花環或花瓶等可以用作完善外觀，並與其他派對裝飾互相結合。想糖果桌更加吸引，不妨在餐桌後面放木箱、托盤等，並在其上放置糖果容器或花瓶，增加高低的層次感。儘管添加裝飾品很有趣，但盡量不要放得過度擁擠，記着 Less is more 的道理，在桌上預留足夠空間，讓你的客人可以輕鬆取用糖果，而不用擔心他們會把事情搞得一團糟。

建議：麻布橫幅、桌布、鮮花花束、氣球、木箱、分層托盤等。

彩色香味蠟燭

透明容器中的顏色膠珠

Fairy Lights

鳥籠吊燈

溫馨提示：

1. 查看天氣：香港天氣非常潮濕，會影響糖果和零食的新鮮度，尤其是蛋白酥餅。派對當天是陰天還是晴天？派對會場是在室內還是戶外？如果你擔心溫度，為了減省你的壓力，避免選擇容易融化的糖果、朱古力等！

2. 水果季節：如果你打算用上水果做小吃，如朱古力蘸草莓，請務必考慮它們是否在當造季節。例如冬天的草莓可能不像夏天的當造期那麼甜！

3. 啟發創意：糖果不僅可以被吃掉，還可以拿來玩！將大型棒棒糖捆綁成花束，或把棉花糖串成 BBQ 串，只要發揮創意便可做出各種效果。但要留意，除非你想準備一個非常豐富的自助餐，否則八至十款糖果便最合適。

4. 款式種類：不妨選擇一些特別風味的小食，可以是橡皮糖棒、松露朱古力粒，最重要是款式多時，味道亦要佳。

5. 數量預算：主人很容易擔心每位賓客有沒有足夠的食物，如果你打算在招待會後加上一頓飯和蛋糕，不妨把糖果的預算減少，我會預算每人一百克或更少的分量便已足夠。

自己動手佈置糖果桌

要佈置糖果桌，必須找一些高的物件墊着後方，令桌面有高高低低的感覺，以提升層次感。至於器皿擺放的位置，宜先從後方的中央位置開始，然後到兩側，最後才到前方。而且不妨善用小花束來填滿空間，感覺完滿又不會太零碎。

1. 找一幅有顏色的牆壁作背景，桌上鋪上枱布，後方放上硬物或發泡膠塊，以提升擺設的層次感。

2. 蓋上另一塊枱布或紗布來遮掩墊物。

3. 放置不同大小的托架或籃子，以提升桌子的高度，獲得更佳的視覺效果。

4. 從中央位置開始，善用不同的罐子和容器放置糖果，偶爾以小花束和填充花朵填滿空間。

5. 開始擺放兩側，較高身的瓶子可放在後方，以平衡整體感覺。

6. 在右側加入一些杯子蛋糕，繼續用小花束或填充花來填滿空間。

7. 前方可以放一些較矮身的器皿，內裏放滿色彩繽紛的糖果，然後再以彩虹蛋糕棒、花朵來填滿空間。

小貼士：

若果玻璃器皿太大而怕糖果太少，不妨在器皿內放入一個倒轉的玻璃杯以作「塞位」之用。

Candy Corner Checklist 糖果桌清單

Treats 甜點

- Chocolate 朱古力
- Cookies 曲奇
- Cupcake 蛋糕仔
- Fruit Candy Soft 水果軟糖
- Fruit Candy Hard 水果硬糖
- Lollipops 棒棒糖
- Macaroon 馬卡龍
- Marshmallows 棉花糖
- Mint 薄荷糖
- Popcorn 爆谷

Containers 器皿

- Apothecary Jars 藥劑罐
- Baskets 籃子
- Bowls 碗
- Cake Stands 蛋糕架
- Pails 提桶
- Platters 大盤
- Small Boxes 小盒子
- Tiered Trays 多層托架
- Trays 盤子
- Vases 瓶子

Tags and Labels 標籤及貼紙

- Adhesive Labels 黏貼標籤
- Chalkboard 粉筆板
- Clothespins 衣夾
- Framed Signs 相架
- Hang Tag with Strings 有繩吊牌
- Labels Tied with Ribbons 絲帶黏貼標籤
- Tags Tied with Ribbons 絲帶紙標籤
- Paper Tags 紙類標籤
- Table Tent Cards 座枱立卡
- Wood Chips 木片

Utensils 餐具

- Scoops 勺子
- Spoons 湯匙
- Tongs 夾子
- Chopsticks 筷子

Table Decoration 枱頭裝飾

- Backdrop 背景幕
- Balloons 氣球
- Banners 橫幅
- Confetti 五彩紙屑
- Flower Bouquet 花束
- Filler Flowers 填充花
- Tablecloth 枱布
- Tiered Trays 多層托架
- Wooden Crane 木箱

Favor Packaging 回禮包裝

- Favor Pails 特色桶子
- Favor Tins 特色罐子
- Mini Glass Jars 迷你玻璃瓶
- Organza Bags 柯根紗袋
- Paper Bags 紙袋
- Glassine Bags 玻璃紙袋
- Paper Gift Boxes 紙禮物盒
- Plastic Treat Boxes 塑膠盒
- Popcorn Boxes 爆谷盒
- Small Mason Jars 小扭蓋瓶子
- Take Out Boxes 外賣盒

掃一掃，取得電子版
糖果桌清單。

Chapter 13

不可不知的小知識

Trivia

1. 結婚話你知：過大禮

如果閣下結婚要依傳統嫁娶儀式，一定要在排期辦理註冊手續之後，便要過大禮，送嫁妝（一般在婚前十日至一個月）。所謂「過大禮」，實際上是男家將禮物送到女家，然後女家回禮。「過大禮」的禮品如下：

1. 禮餅：龍鳳餅兩對，禮餅一擔可分四式、六式或八式，全取雙數。

2. 椰子：如父母雙全用兩對，否則一對。

3. 茶葉、芝麻：喻「茶下子不可移植」，即受茶禮就要守婚約之意。

4. 檳榔：與新郎可音喻白頭偕老。

5. 三牲：雞或鵝兩對，兩雄兩雌，父母不健在則只需一對（如是鵝的話，古時用雁，雁是候鳥，守信之故）。又豬肉兩片，豬皮相連，喻家肥屋潤。魚一對，通常用大魚，以其有腥味為有聲有氣。

6. 海味：通常為四式，高選用鮑魚、海參、魚翅、魚肚或瑤柱，經濟可取魷魚、蝦米、冬菇、蠔豉，豐儉由人，但必須有髮菜，喻發財。

7. 京果：湘蓮、百合、紅棗、圓肉（龍眼肉）、荔枝乾、花生或合桃，任意選四式。

8. 禮盒：盒內放禮金，還要加放蓮子、百合、青縷、扁柏、檳榔、芝麻、紅豆，綠豆、四京果、紅頭繩、利是金飾等。

9. 其他：煙、酒、水果、龍鳳鐲兩對。

以上禮品需全部成雙，聘禮用五個中式禮盒盛載，還有一盒內附禮品名單之紅帖，每邊三個成為一擔。女家收禮，不是全部收下，大概每樣一對或一半退回男家，並要回禮，「男家回禮」名單如下：

【嫁妝】

1. 子孫桶，即馬桶（現有膠痰罐代替），內放用組線串之銅錢、扁柏及利是。
2. 碗筷兩份用紅繩縛。
3. 龍鳳被鋪（牀單、枕袋及被，被袋繡上鴛鴦、雙喜、龍鳳等）。
4. 剪刀、尺、銅盤、鞋、茶具、片糖。
5. 衣服布料：將新衣服放在衣箱中並以扁柏、蓮子、龍眼乾、利是等。
6. 金銀首飾：父母餽贈女兒的飾物或珍貴之傳家寶。

【男家回門禮】

金豬一隻（必須完整），洋酒兩瓶，西餅兩盒，生果。

【回門女家回禮】

燒豬頭、尾、豬手各一，豬脷半邊（放在送來之燒豬盤內），洋酒一瓶，西餅一盒，生果，公雞，母雞，小雞數隻（可用利是代替），竹蔗兩枝，蓮根生菜等。

2. 結婚話你知：上頭

如同「過大禮」，上頭也是不可缺少的傳統中式婚俗，每對新人都會經歷這個儀式，代表已經長大成人，未來前途無可限量。主持這個儀式的必須是好命公 / 好命婆或大妗姐，現代已經變成父母也可。

好命公 / 好命婆定義：

- 五代同堂、婚姻和睦的長輩（親友）（三代同堂亦可）
- 子女已長大成人及有經濟能力（並無小產 / 流產）

婚禮前夜，新人必須用浸泡石榴葉的水來沖涼，然後換上新長袖長褲睡衣（意喻「長長久久」）和拖鞋（意喻「同偕到老」），才能開始進行儀式。

上頭時，新郎坐在客廳，需面向神檯或窗外，代表「男主外」；而新娘坐在房內，面向窗外，代表「女主內」。新郎和新娘各自握着一把尺（意喻「做事有分寸」）和一面鏡子，而父母或好命公 / 好命婆梳理新人的頭髮時，會唸以下傳統上頭十梳歌（可三梳或四梳至十梳，七梳除外）：

一梳梳到髮尾；
二梳白髮齊眉；
三梳兒孫滿地；
四梳永諧連理；
五梳和順翁娌；
六梳福臨家地；
七梳吉逢禍避；
八梳一本萬利；
九梳樂膳百味；
十梳百無禁忌。

3. 結婚話你知：吉利說話

如果你不打算請大妗姐幫忙，其實可以安排姊妹負責，不過出門、戴金器、敬茶時要幫忙遞茶講吉利說話，沒有相關經驗的姊妹可能會感到困惑。網上有相關的資料可供搜尋，不過大都很散亂，為了節省大家的時間，以下我略為幫大家整理了一些。

出門

- 花車到門前，姑爺買屋又買田。
- 灑米餵金雞，新娘嫁得好夫婿。
- 灑米餵金雞，金雞尾彎彎，姑爺買樓買到貝沙灣。
- 紅遮開萬花來，姑娘鴻運來，姑爺發大財。
- 新人入屋，金銀滿屋，旺夫旺主旺門楣。

敬茶——父母及長輩

- 飲茶飲到尾，年頭靚到落年尾。
- 飲過新人茶，唔怕濛查查。
- 飲過女婿茶，富貴又榮華。
- 飲過新抱茶，出年做阿嫲。
- 今年娶新抱，出年有孫抱。

飲茶時

- 飲茶飲勝，等佢生番個慈姑椗。(Cheers with a cup of tea, a little baby boy you'll see.)
- 飲茶見杯底，等佢生多幾個仔。(Bottoms up a cup of tea, plenty babies you'll conceive.)
- 飲茶飲到尾，一對新人錫晒你。(Sip n slurp a cup of tea, love n kisses you'll receive.)
- 飲過新人茶，對眼唔會濛查查。(Drank a cup of couple's tea, twinkling shiny eyes you'll see.)
- 飲過新人茶，子孫聽晒話。(Drank a cup of couple's tea, grandkids will be good and sweet.)
- 飲過新抱茶，生個孫仔四圍爬。(Drank a cup of Daughter-in-law's tea, come a grandkid running free.)
- 甜茶入口，買多幾層樓。(Sweet tea in mouth, buy a big house!)

戴金器

- 戴起大囍，戴到風生水起。
- 戴過龍鳳鈪，等你快啲買豪宅。
- 戴個大金牌，一世唔洗捱。
- 戴過金頸鍊，等你兩個賺多啲錢。
- 金鍊戴上頸，好快住山頂。
- 戴過金手鍊，有錢又有面。
- 戴過金戒指，生個金童子。
- 戒指有鑽石，特別多人錫。

4. 結婚話你知：禮券賀詞

結婚紀念	年數	結婚紀念	年數
紙婚之喜	1年	花邊婚之喜	13年
布婚之喜	2年	象牙婚之喜	14年
皮婚之喜	3年	水晶婚之喜	15年
絲婚之喜	4年	瓷婚之喜	20年
木婚之喜	5年	銀婚之喜	25年
鐵婚之喜	6年	珠婚之喜	30年
銅婚之喜	7年	珊瑚婚之喜	35年
電婚之喜	8年	紅寶石婚之喜	40年
陶婚之喜	9年	藍寶石婚之喜	45年
錫婚之喜	10年	金婚之喜	50年
鋼婚之喜	11年	翡翠婚之喜	55年
麻婚之喜	12年	鑽石婚之喜	60年

類別	賀詞	用途
結婚	新婚之喜，好逑之喜，燕爾之喜	賀男方
	于歸之喜，出閣之喜，添妝之喜	賀女方
	新婚之喜，于飛之喜	賀男女方
	蜜月愉快（或只寫「賀敬」）	婚後請酒
	續弦之喜	續娶
主婚	新翁之喜	父主婚
	疊翁之喜（第二次作新翁）	父主婚
	新姑之喜	母主婚
	新伯之喜	兄主婚
	新伯翁之喜	伯父主婚

	新叔翁之喜	叔父主婚
	新大翁之喜	祖父主婚
結婚紀念	銀婚之喜	廿五年
	金婚之喜	五十年
	花燭重逢之喜	六十年

5. 各式禮券賀詞摘要

類別	賀詞	用途
添丁	弄璋之喜，彌敬，令郎彌月之喜	生子
	玉勝之喜，彌敬，令媛彌月之喜	生女
	雙璋之喜	孖子
	雙珠之喜	孖女
	育麟，有珠，雙喜	孖胎一男一女
	添孫之喜，含飴之喜	男女孫適用
	開燈之喜，新燈之喜	子或孫開燈
拜大壽	六秩榮壽大慶	六十大壽（餘此類推）
	七秩開一榮壽大慶	六十一大壽（餘此類推）
男壽星公	南極星輝	
	七秩開一雙壽大慶	夫婦六十一大雙壽（餘此類推）
女壽星婆	王母賀壽，蟠桃大會	
普通生日	壽慶	六十以上
	懸弦之喜，初度之慶	男普用
	華誕之喜	男女普用
上契或結拜	結誼之喜	誼父，誼子，誼女均合用
升職	容升之喜	

上任	榮任之喜，履新之喜	
退休	榮休之喜	
留學	深造之喜，鵬程萬里	
移民	榮行，錦繡前程	
遊歷	旅程愉快	
新居落成	大廈落成之慶，輪奐之慶	
遷居	喬遷之慶，榮遷之慶	
商行開張	新張之喜，鴻發之喜	
新船啟航	利涉之喜，開航之喜	
開學	進學大喜	
畢業	學成之喜	

後記

低沉的剁肉聲、清澈的洗菜聲、嗚嗚的水滾聲……媽媽每天下廚的時候和下廚的聲音，是我兒時最期待的時刻，最嚮往聽到的聲音。

我媽媽是位很擅長烹飪的高手，醃肉放調味料的次序、牛肉豬肉順逆紋的切法等，即使簡單如蛋花湯，媽媽三兩下手勢就如變魔術般成為上佳的美饌，在耳濡目染下，兒時的我開始對下廚感興趣。

感激媽媽啟蒙了我對廚藝的興趣，亦感激爸爸教曉我正統的餐桌禮儀——端正的坐姿、餐具的擺放、餐具使用的先後次序……在飲食方面的知識一點一滴在我心目中烙印着。

還記得中學時，家政課的考試題目是「二人午餐」，要設計菜式、佈置餐桌，身邊同學覺得是件苦差，只有我非常享受整個過程，到花店選購了康乃馨、勿忘我等為餐桌作點綴，餐湯有粟米湯，主菜是日式炸豬扒飯及甜品士多啤梨夏日布甸，就是這個考試，令我後來到美國升學時，放棄工商科，反而選擇主修營養學及餐飲系統管理（Food System Management）。

多年的學習生涯中，除了食物營養及菜式製作外，更學懂了統籌派對、婚宴、晚會等各類活動的知識。畢業後，我有幸進入當年的麗晶酒店實習，從各餐廳的最低層做起，像準備食材、調配醬汁……當中最難忘是於宴會部的工作，那種感覺猶如劉姥姥進大觀園般，真真正正要統籌婚禮、慈善晚會……每一件事也令我雙眼閃閃發光，亦令我學到了各國文化的差異，就像意大利人不會用紫色、中國人忌諱深藍色等。我漸漸發覺由零開始統籌宴席、派對是一件讓人愉快、興奮兼具挑戰性的事情。

實習過後，我離開了飲食界，本以為已經與統籌派對無緣。怎料結婚後，為女兒安排生日派對，為妹妹及表弟籌備婚禮，為奶奶（上海人稱嫲嫲為奶奶）籌備大壽，為親戚準備晚宴，為朋友準備各式派對，慢慢得到不少朋友的引薦，逐漸把感興趣的「老本行」成為副業，隨着派對、宴席的規模愈來愈大，由十多人的家居宴會，到二百多人的結婚戶外派對，更被友儕間視為派對統籌專家，的確令我始料不及。

作為一個派對統籌專家，我覺得人與人之間的緣份很神奇，統籌師與派對主角由一開始素不相識，慢慢了解喜惡、互相支持、同喜同樂，派對結束後往往更成為好朋友。今次就把我三十多年統籌派對、宴席的經驗集結成此書，把心得分享給大家，希望大家可以策劃、統籌自己心目中的理想派對，並好好享受當中的過程。

鳴謝

為表達感激之情，特此衷心鳴謝下列人士 / 單位不遺餘力的熱心相助與支持，使此書得以順利出版。

雷張慎佳女士
台灣芳香學院 靳千沛老師
Pansy Tsang Busnengo
Prudence Colombo
Alan Lau
Pilar Chang
Mark Wong
Patrina Lau
Can Wong 黄偉國 @HKIPP
Jeremy Wong 黄浩軍
Atta Wong@DMB Productions
Alice Lee & 連煒琳
Ada Au
Monica Leung
林俊羽老師
連漢欽 @ 星域亞洲有限公司
Shira@Shira Workshop
陳小楓
Karen Chan @ 德國寶（香港）有限公司
美事達酒店用品專門店有限公司
Peter Lau
農嘉鮮（香港）有限公司
Terence Lai
胡朱先生（銅紫荊勛賢 BBS）
Jane Chow
Petra & Zen
Eric Cheung@ 張霖記
Mrs. Cheryl Seto
Peter Wong
Joanne Cooper@Bugsy Treats
Jannie Lai
Yu Chow
Heidi Chan
Benjamin Au
義務法律顧問李紹基律師、李太太 & Bernice Li
Jacqueline Lee Todd & Eric Todd
Paegan Wong
Paely Wong
Scarlett Moore
Liam Moore
Caitlin Kwik

教你策劃
自家完美派對

作者：張廼華
出版經理：林瑞芳
責任編輯：周詩韵、AM
協力：楊凱欣
封面及內頁設計：YU Cheung
出版：明窗出版社
發行：明報出版社有限公司
香港柴灣嘉業街 18 號
明報工業中心 A 座 15 樓
電話：2595 3215
傳真：2898 2646
網址：http://books.mingpao.com/
電子郵箱：mpp@mingpao.com
版次：二〇一九年七月初版
ISBN：978-988-8525-14-0
承印：美雅印刷製本有限公司